HISTOIRE NATURELLE DES OISEAUX D'AFRIQUE.

TOME PREMIER.

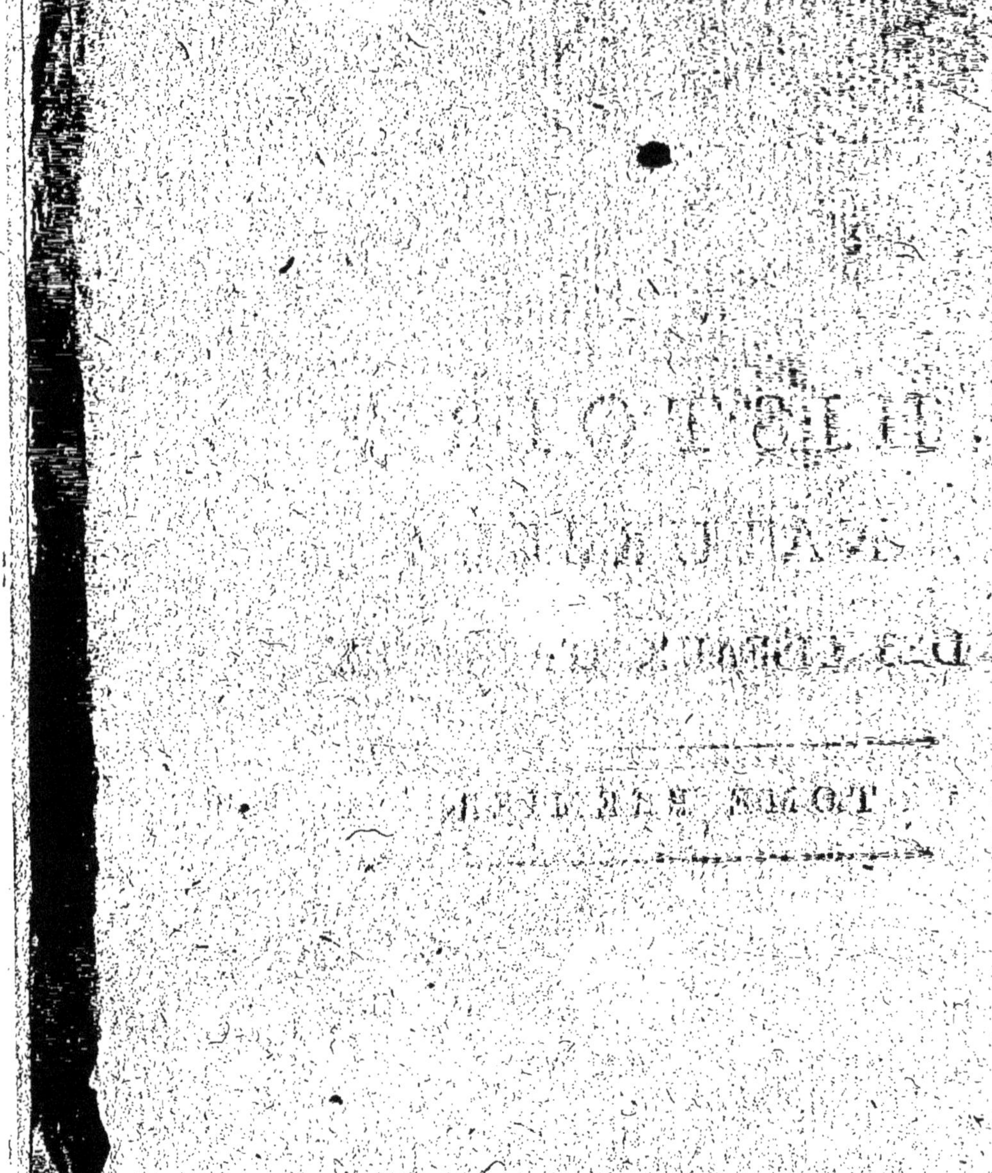

HISTOIRE

NATURELLE

ES OISEAUX D'AFRIQUE;

PAR LEVAILLANT.

TOME PREMIER.

A PARIS,

HEZ FUCHS, LIBRAIRE, RUE DES
MATHURINS, HOTEL DE CLUNY.

(1798.) AN VI.

faire au public, et il seroit un peu long d'aller compter à chacun en particulier, les déplaisirs nombreux qui m'ont assailli depuis le moment où l'on m'a traîné sur cette scène littéraire ; il faut donc qu'en une seule fois, et de la même manière, j'en dise une partie à tous ; ceux qui auroient désiré des ménagemens particuliers, ne doivent s'en prendre qu'à eux-mêmes d'en avoir manqué à mon égard, et je ne peux avoir deux façons de me plaindre, quand je n'en ai qu'une de sentir l'offense.

Pour prix de mon dévouement aux progrès d'une science que je crois être encore à son enfance, je n'ai reçu que des outrages, je n'ai éprouvé que des injustices; et l'insulte de ceux

PRÉFACE.

J'AUROIS voulu me dispenser de faire une préface à cette partie descriptive de mes voyages, à laquelle les relations que j'ai déja publiées servent naturellement d'introduction; j'ai toujours craint de donner à ce que j'ai fait trop d'importance, et ceux qui me connoissent savent assez quel prix j'attache à cette gloriole littéraire, dont tant d'hommes sont entichés aux dépens de leur repos, quelquefois même de leurs jours. Cependant j'aurois bien quelques confidences à

tie s'en trouve offensée, vous pardonnerez au motif bien pur qui a dicté mon offre.

Je vous salue,

LEVAILLANT.

ÉPITRE DÉDICATOIRE

A J. TEMMINCK,

Trésorier de la Compagnie des Indes, à Amsterdam.

MON AMI,

JE vous adresse mon Ornithologie, comme un foible témoignage de mon estime et de ma reconnoissance; si votre modes-

qui m'ont trompé porte un caractère de bassesse et de lâcheté, dont nulle histoire privée n'offre d'exemple. Je ne suis pas le premier qui ait à se plaindre de l'envie et de la perfidie des hommes ; mais je serai sans doute le dernier qui, forcé de se taire sur la plus lâche imposture et le vol le plus manifeste, se voie dans la dure nécessité de ne pouvoir se plaindre sans honte pour lui-même et sans tache pour celui qui a cherché aussi publiquement à lui nuire.

Des hommes puissans m'avoient attiré, carressé, flatté. Je ne m'en cache pas, j'avois compté sur leur reconnoissance ; les motifs qui sembloient la fonder étoient purs et vrais. Je me plaignois avec raison d'avoir sacrifié ma fortune et ma plus belle jeunesse aux progrès d'une science jusqu'alors toute en théorie et que peu d'expérience avoit fondée. Je contrariois, il est vrai, de brillans romanciers, de longues études de cabinet, que nul ne prétendoit avoir faites en pure perte; mais je venois les preuves à la main. J'ouvris aussi un cabinet d'histoire naturelle; j'y déposai les nombreux individus que j'avois été chercher à quatre mille lieues de Paris. Cette ville entière, et tout ce qu'elle renferme d'étrangers, fut à même de juger de mes travaux, et de comparer mes observations aux observations consacrées dès un long-tems dans la collection de mes nombreux oiseaux. Plus de cinq cents individus nouveaux ou faussement décrits, déposoient contre l'ignorance ou le charlatanisme ; je soulevai l'un et l'autre contre moi. Depuis dix ans, ils ne m'ont point quitté. Je n'ai recueilli d'autre prix de mes fatigues, de mes efforts et de mes dépenses, que l'honneur de leur être constamment en butte, et je n'ai pas manqué de les trouver dans mon chemin toutes les fois qu'ils ont pu me nuire soit directement soit indirectement.

Cependant cette révolution qui, dit-on, remet chaque chose et chacun à sa place, n'étoit pas encore éclose, que le gouvernement, par le seul moyen qui nous convint à tous deux, voulut me dédommager de mes dépenses. Il fut même déja convenu que mon cabinet seroit déposé au Muséum d'histoire naturelle, et qu'il me seroit payé 60 mille livres, outre une pension qui me seroit faite à titre d'indemnité. C'est dans cet instant que naquirent les premiers élans de la liberté; cédant avec transport aux efforts naissans de cette fille chérie de la nature, j'oubliai bientôt mon intérêt particulier pour ne plus songer qu'à l'intérêt général; et je remis à d'autres tems le soin de ma fortune entièrement négligée jusqu'alors. Lors de l'assemblée constituante, le gouvernement parut un moment vouloir remplir, à mon égard, cet engagement; mais l'antipathie insurmontable que j'ai pour les sollicitations, me fit bientôt oublier. L'assemblée législative vint à son tour, et fut sur le point de réparer les retards d'une équitable indemnité; mais l'assemblée législative s'endormit également dans sa justice. Enfin, la convention nationale, plus puissante et plus expéditive, parut se proposer de réparer les torts qu'on m'avoit fait éprouver jusqu'alors. La plus grande partie des membres du comité d'instruction publique virent mon cabinet; des commissions furent nommées pour le visiter; la commission temporaire des arts fut elle-même saisie de cette affaire; les citoyens Richard et Lamarck firent un rapport; enfin, aucun moyen économique d'entrer en possession des seules richesses que je possédasse au monde ne fut négligé. Mais n'étant sans doute pas devenu plus solliciteur qu'autrefois, mon affaire en resta là. Ayant écrit une lettre au comité, on parla de faire faire l'estimation de mon cabinet. ESTIMER un à un les individus d'une collection ! qui m'avoit couté trente ans de travail, dont cinq années de courses dans les déserts brûlans de l'Afrique, et pour laquelle je ne demandois pas la vingtième partie de la valeur ; puisque, malgré les progrès des tems et la différence des besoins, la somme offerte en 1789 étoit celle que je demandois encore au gouvernement en 1795 . . . . Enfin, cette somme, malgré sa modicité, est restée dans les trésors de la nation, et mon cabinet est toujours en mon pouvoir, et va probablement passer à l'étranger, ou être dispersé, car ma fortune ne me permet plus de le garder.

Un autre espoir m'occupe aujourd'hui entièrement, et me fera peut-être oublier d'aussi longues injustices. Livré tout entier aux soins que demandent mon Ornithologie, je me console de ne pas voir au rang des richesses nationales l'humble mais rare tribut que je venois offrir à ma patrie; je donnerai mes oiseaux à l'Europe entière : j'en ai multiplié les portraits fidèlement peints, et aussi fidèlement décrits; ils seront pour les amateurs et pour les savans une propriété plus précieuse; ils pourront les consulter, les visiter à toute heure; les originaux sortiroient en vain de la France, nul évènement ne peut plus leur porter atteinte; tous les dessins de mon Ornithologie sont achevés.

En publiant l'Histoire des oiseaux d'Afrique, j'ai cru que c'étoit rendre service à la science que de faire mention de toutes les espèces rares et non décrites que j'ai trouvées dans les différens cabinets de l'Europe. J'ai eu soin en même tems de désigner toujours la collection d'où je les ai tirées : je préviens les lecteurs que tous les oiseaux qui se trouvent sans cette indication appartiennent à ma collection, et que les numéros qui sont placés en tête de chaque article correspondent avec les nunéros des planches de l'*in*-4°. et de *in-folio* qui représentent chacune espèce dont je donne la description dans cette édition *in*-12.

HISTOIRE NATURELLE
DES OISEAUX D'AFRIQUE.

OISEAUX DE PROIE.

LE GRIFFARD, N°. 1.

LES proportions de toutes les parties du corps, fournissent aux naturalistes les meilleurs caractères qu'ils puissent employer pour désigner les différentes espèces d'animaux. Les formes déterminent souvent les facultés et les mœurs; tandis que les couleurs ne nous présentent quelquefois que des livrées accessoires, sur-tout dans la classe très-nombreuse des oiseaux de proie, dont chaque âge nous offre autant de variétés de plumage. Les formes distinguent physiquement les divers genres d'animaux les uns des autres, et jettent des différences sans nombre dans les fonctions de la vie et des caractères moraux, qu'il est aussi essentiel de saisir dans l'étude de la nature que celles de la conformation entre eux.

L'aigle d'Afrique, que j'ai nommé Griffard, se distingue parmi les espèces de ce genre d'oiseaux, qui possèdent éminemment le courage, la force et des armes sanguinaires. Avec une taille égale à peu près à celle du grand aigle, ou aigle royal, il a les jambes plus longues, plus musculeuses et des serres plus fortes: caractères propres à faire reconnoître cet oiseau, non-seulement lorsqu'il est placé dans une collection à côté des autres aigles, mais encore quand il vole, les jambes pendantes, à la poursuite des quadrupèdes dont il fait sa pâture.

Les diverses espèces de petites gazelles et les lièvres sont sa proie ordinaire: il fond sur les premières, les tue facilement et d'une manière qui démontre la force dont la nature l'a doué. Mais c'est sur-tout dans sa haine pour les autres grands oiseaux de rapine, qu'il fait admirer son courage ; il les poursuit dès qu'il les apperçoit ; font-ils résistance, il les combat impitoyablement, les oblige à fuir, et n'en souffre aucun dans le canton qu'il a choisi pour son domaine et sa chasse.

Il arrive souvent que des bandes de vautours et de corbeaux, se réunissant, cherchent à saisir le moment favorable pour s'emparer de la proie que vient d'abattre le Griffard ; mais la contenance intrépide et fière de cet oiseau posé sur sa victime, suffit pour tenir à l'écart cette légion de carnivores.

On trouve ordinairement le Griffard accompagné de sa femelle ; ils se séparent rarement, et ne s'écartent point du vaste arrondissement où ils se sont fixés. C'est sur la cime des plus grands arbres ou entre les rochers escarpés et inaccessibles qu'ils établissent leur aire : c'est ainsi que se nomme le nid des aigles, qui ne sont pas creux comme celui des autres oiseaux, mais plat et en manière de plancher. Celui du Griffard est si solide, qu'un homme peut s'y soutenir, sans craindre de l'enfoncer; aussi lui sert-il nombre d'années. Il est composé d'abord de plusieurs fortes perches, plus ou moins longues, suivant la distance des enfourchures des branches sur lesquelles elles doivent porter. Ces dernières traverses, qui sont enlacées, en tout sens, par des branches flexibles qui les lient fortement ensemble, servent de fondement à cet édifice, qui est ensuite surmonté d'une grande quantité de menu bois, de mousse, de feuilles sèches, de bruyère, et même de feuilles de plantes liliacées ou de roseaux, s'il s'en trouve dans les environs. Ce second plancher est recouvert d'une couche de petits morceaux de bois sec; et c'est sur ce dernier lit, où il n'entre rien de douillet, que la femelle dépose ses œufs. Cet aire ou nid, ainsi construit, peut avoir quatre à cinq pieds de diamètre et deux pieds d'épaisseur; sa forme est irrégulière. Il dure, comme je l'ai remarqué, nombre d'années, et peut-être même toute la vie du couple, quand aucun danger ne les oblige de s'éloigner d'un premier établissement.

A la vétusté graduelle d'un amas considérable d'ossemens de différens quadrupèdes, que je trouvai au pied d'un très-grand arbre qui portoit un de ces nids, ainsi qu'aux diverses couches des débris de la surface extérieure du nid, mêlés avec ceux des animaux, on auroit pu calculer son ancienneté, et compter combien de fois il avoit été réparé pour les besoins d'une famille naissante.

Quand le local n'offre point d'arbre au Griffard, pour y construire son aire, il le place entre des rochers, et le façonne, comme le premier, à l'exception du fondement, qui devient inutile, puisque le lit de mousse est établi directement sur la pierre; mais c'est toujours sur des buchettes que les œufs sont déposés, et dans aucun cas sur des matières plus moelleuses.

J'ai observé que, de préférence, le Griffard choisit un arbre isolé pour son domicile ; parce qu'il est très-méfiant et qu'il aime à voir ce qui se passe autour de lui. Dans les rochers, sa couvée est plus exposée à devenir la proie de plusieurs espèces de petits quadrupèdes carnassiers ; qui, justement parce qu'ils sont plus petits, sont d'autant plus à redouter. C'est ainsi que, parmi les hommes, les ennemis foibles et pusillanimes sont souvent les plus dangereux.

La femelle du Griffard pond deux œufs presque ronds, entièrement blancs, et de trois pouces quelques lignes de diamètre ; pendant qu'elle couve, le mâle veille à leurs besoins communs, lui apporte sa nourriture et chasse pour toute sa famille, jusqu'à ce que les petits puissent rester seuls dans l'aire sans courir de danger ; car, devenus plus grands, ils exigent des provisions si considérables, que les vieux, suffisant à peine à leur voracité, sont alors obligés de chasser ensemble, afin de satisfaire à un appétit aussi démesuré que l'est celui de deux aiglons ; il est tel même, que des Hottentots m'ont assuré avoir vécu, pendant près de deux mois, de ce qu'ils déroboient chaque jour à deux Griffards, dont le nid étoit dans leur voisinage. Je n'ai pas eu de peine à le croire, d'après ce que j'ai vu moi-même d'un de ces oiseaux que j'ai conservé quelque tems vivant, ne lui ayant cassé que le bout de l'aile en le tirant : il fut trois jours entiers sans vouloir absolument manger, malgré tout ce que je pus lui offrir ; mais aussitôt qu'il fut habitué à prendre sa nourriture, nous ne pouvions plus le rassasier ; il devenoit furieux à la vue d'un morceau de viande qu'on lui faisoit voir, et en avaloit tout entier des tronçons de près d'une livre. Il n'en refusoit jamais, quoique son jabot fut quelquefois si plein qu'il étoit forcé d'en dégorger une partie ; mais il ne tardoit jamais à reprendre ce qu'il avoit ainsi rendu. Toute chair quelconque étoit de son goût, même celle d'autres oiseaux de proie, et il s'accommoda fort bien des débris d'un autre Griffard que j'avois disséqué.

Lorsque ces oiseaux sont perchés, on les entend de très-loin pousser fréquemment des cris aigus et perçans, mêlés, de moment à autre, de tons rauques et lugubres. Ils volent à une si prodigieuse hauteur, que souvent ils se font entendre sans qu'il soit possible de les appercevoir.

Le Griffard peut donc être comparé au grand aigle pour la taille ; mais il en diffère, comme nous l'avons fait remarquer, par les dimensions des jambes et des serres, et par la tête qu'il a aussi plus ronde, quoique son bec soit plus foible et moins renflé dans la partie de sa courbure. Il est caractérisé : 1°. par les plumes de l'occiput, qui, étant un peu plus longues que les autres, forment par derrière une espèce de petite huppe pendante. 2°. La queue est carrée, c'est-à-dire, que toutes les pennes qui la composent sont également longues entre elles. Nous nous servirons toujours par la suite de la même dénomination pour exprimer cette forme de queue. 3°. Les jambes et les pieds sont couverts de plumes jusqu'à la naissance des doigts; celles des jambes (1) sont courtes et ne forment point ce que l'on désigne vulgairement en fauconnerie sous le nom de culotte. 4°. L'oiseau étant en repos, les ailes s'étendent jusqu'à l'extrémité de la queue. La femelle du Griffard a huit pieds sept pouces d'envergure et le mâle seulement sept pieds cinq pouces. 5°. Le jabot est proéminent et couvert d'un fin duvet blanc très-lustré; le bec, bleuâtre à son origine, est noir au bout; les doigts, très-

(1) La jambe d'un oiseau est la partie qu'en général, on nomme la cuisse. Le pied, par conséquent, se trouve être celle qu'on appelle vulgairement jambe. Je suis fâché d'être obligé de me conformer à l'usage reçu des anatomistes, quoique plusieurs naturalistes, notamment Buffon, se soient servi indistinctement des mots cuisse et jambe, pour désigner la même partie dans un oiseau. Tout cela seroit assez indifférent; mais ce qui ne l'est pas, c'est de ne point s'entendre. Ainsi donc, il étoit nécessaire de prévenir les lecteurs.

écailleux, sont d'une couleur jaunâtre ; les ongles approchent du noir ; ils sont très-arqués et forment autant de demi-cercles presque parfaits : celui de derrière se trouve le plus grand ; ensuite celui du milieu, puis ceux du dedans ; enfin, les deux plus petits, sont les extérieurs de chaque côté. L'œil, qui est très-ouvert, s'enfonce dans la tête et se recouvre par la partie supérieure de l'orbite, qui déborde de trois lignes. L'iris est d'un beau brun noisette très-vif.

Je n'ai remarqué d'autre différence entre le mâle et la femelle si ce n'est que cette dernière étoit plus forte d'un quart à peu près dans tout son volume. Les couleurs étoient les mêmes à une légère teinte près, que le mâle avoit de plus foncé dans les ailes.

On rencontre le Griffard dans le pays des Grands Namaquois. C'est vers le vingt-huitième dégré de latitude sud et sur les bords de la Grande-rivière, que je vis le premier couple de ces oiseaux. J'étois à plus de trois lieues de ma tente, quand je les tuai tous deux, à peu de distance l'un de l'autre. Arrivé à mon camp, j'étois excédé de les avoir portés. Ils pesoient ensemble à peu près vingt-cinq à trente livres. En avançant vers le tropique, j'ai vu souvent des oiseaux de la même espèce; et comme je ne les ai jamais rencontrés dans mon voyage à la Caffrerie, je crois pouvoir fixer leur demeure dans l'espace comprise entre le vingt-huitième degré de latitude sud et le tropique, et même jusqu'à la ligne, et peut-être sous toute la zone torride; enfin, dans la partie de l'Afrique qui n'est point habitée par les Blancs. Il est même plus que probable, qu'autrefois l'espèce étoit répandue jusqu'au Cap de Bonne-Espérance; mais sans doute, que les colons, à mesure qu'ils défrichèrent les terres et pénétrèrent dans le désert, contraignirent ces aigles à s'enfoncer encore plus avant dans le pays, comme l'ont fait tous les grands animaux de ces contrées, qui, ayant besoin eux-mêmes d'une vaste étendue de terrain pour fournir à leur subsistance, ont fui un plus grand dévastateur qu'eux, l'homme en société !

Une courte et succinte description des couleurs du Griffard, suffira maintenant pour ne pas le faire confondre ni avec le grand aigle, ni avec aucun des aigles qui ont été décrits jusqu'à ce jour. Il a le dessous du corps, depuis la gorge jusqu'à la queue, y compris les jambes et les pieds, d'un beau blanc. Le dessus de la tête, le derrière et les côtés du cou, sont couverts de plumes blanches à leur origine et d'un gris brun vers la pointe ; le blanc s'apperçoit autant que le brun vers les joues et dans quelques endroits du cou, ce qui forme une espèce de tigré fort agréable. Le dos et les couvertures de la queue, sont brunâtres ; tout le manteau est de cette dernière couleur, mais chaque plume est bordée d'une teinte plus claire que le fond ; les grandes pennes de l'aîle sont noires ; les moyennes sont rayées transversalement d'un blanc

LE GRIFFARD.

sale et de noirâtre ; les dernières sont terminées de blanc à leur pointe ; la queue est rayée de même que les moyennes pennes de l'aile.

LE HUPPARD, N°. 2.

MALGRÉ les grandes différences qui se trouvent entre les dimensions du Huppard, comparées à celles de l'aigle dont nous venons de faire mention, il est évident que cet oiseau appartient au genre des aigles. Comme le griffard, il est courageux; comme lui, il vit principalement de sa chasse, et ne cherche les voieries, que lorsque, tyrannisé par la faim, il n'a trouvé rien de mieux pour se repaître et appaiser sa voracité : ce que font généralement tous les oiseaux de proie de quelque genre qu'ils soient. J'ai tant de fois été à même de vérifier cette observation, que, quoiqu'en disent tous nos historiens poëtes, et tous les écrivains qui les ont copiés, je soutiendrai et je répéterai, qu'il est faux que les aigles, quelqu'affamés qu'ils soient, ne se jettent jamais sur les cadavres.

Comme le griffard, le petit aigle, dont il est ici question, est caractérisé par une huppe, mais beaucoup plus allongée ; ses pieds sont de même couverts d'un fin duvet, qui s'étend jusqu'à la naissance des doigts ; son bec crochu, ses ongles fortement arqués et bien affilés, annoncent un oiseau de guerre et de destruction, quoique sa taille ne surpasse guère celle de nos plus fortes buses. N'ayant pas assez de force pour saisir et abattre les gazelles, le Huppard se contente du menu gibier, tels que lièvres, canards et perdrix, qu'il chasse avec dextérité ; ses longues aîles, dont la pointe s'étend presqu'aussi loin que le bout de la queue, lui servent merveilleusement bien pour s'élancer avec promptitude et saisir avec succès des oiseaux dont le vol est aussi rapide que celui des perdrix d'Afrique.

J'ai tiré la dénomination de cet aigle de l'espèce de huppe qui le caractérise si bien. Cette touffe de plumes prend naissance sur l'occiput, se prolonge de cinq à six pouces par derrière, et descend avec grace, en se courbant un peu vers le corps ; elle est si flexible et si légère, que le plus petit vent ou le moindre mouvement de l'oiseau suffit pour la faire jouer en tout sens ; ce qui lui prête une grace toute particulière, en donnant à cette panache mille formes différentes, qui ajoutent encore à son agrément, celui de varier à l'infini cet ornement de tête ; parure que nos femmes ont si bien su imiter.

La couleur générale de cet oiseau est d'un brun sombre, plus clair sur le cou et la poitrine, et plus foncé au ventre, et sur tout le manteau. Les culottes, ou longues plumes des jambes, sont mêlées de blanc ; le duvet qui tapisse le tarse dans toute sa longueur, jusqu'à la naissance des doigts, est encore plus mêlé de cette dernière couleur. Les grandes pennes sont d'un noir rembruni, et on apperçoit du blanc dans une partie du milieu de leurs barbes extérieures ; toutes les autres pennes de l'aîle sont ondées d'un léger gris brun et de blanc, ainsi que toutes celles de la queue, dont le bout est entièrement d'un brun noir. Cette queue est tant soit peu arrondie. Les doigts sont jaunâtres ; le bec est couleur de corne ; l'iris est d'un jaune plus ou moins foncé suivant l'âge de l'oiseau ; les ongles sont d'un noir luisant.

Je n'ai rencontré cette espèce que dans le pays d'Auteniquoi et dans la Caffrerie.

Le Huppard construit son nid sur les arbres, et le garnit de plumes ou de laine en-dedans. La femelle pond deux œufs, presque ronds, tachetés de brun roux : elle est plus forte que son mâle ; sa couleur est moins foncée, et sa huppe moins longue. Elle a aussi plus de blanc dans ses culottes, et sa tête porte quelques petits taches blanches vers les yeux et sur le sommet de la tête.

On est sûr de trouver le mâle et la femelle ensemble et toujours dans le même canton. Le cris du Huppard ne produit qu'un son plaintif, que l'on entend fort rarement, à moins qu'il ne soit à la poursuite de quelques corbeaux, oiseaux auxquels il fait une guerre opiniâtre, quand ils s'approchent trop près de son nid. C'est sur-tout à l'espèce que j'ai nommée corbivau, qu'il paroît le plus acharné, parce que ceux-ci, mieux armés et plus entreprenans, osent souvent attaquer cet aigle pour se saisir de sa proie; en nombre, ils cherchent même à s'emparer de son aire, pour dévorer ses œufs ou ses petits. Il arrive même mainte fois que toute la couvée devient la proie de ces corbeaux voleurs; mais ce n'est jamais qu'excédé par le grand nombre, et après une défense opiniâtre, qui a coûté la vie à plus d'un corbivau, que le malheureux couple se voit réduit à laisser enlever et dévorer les membres épars et palpitans de leurs chers aiglons, souvent trop foibles encore pour s'être défendu autrement que par les cris du désespoir.

Les jeunes Huppards sont d'abord cou-

LE HUPPARD.

verts d'un duvet gris blanc, qui peu à peu est remplacé par des plumes brunnâtres, bordées de roux. J'ai été à portée d'examiner trois nids de Huppard, je n'y ai jamais trouvé que deux petits, dont toujours l'un étoit mâle et l'autre femelle : ce qui étoit facile à remarquer à la différence de leur taille. Au sortir du nid, la huppe est déja apparente dans le mâle.

LE BLANCHARD, No. 3.

Si l'intrépidité et le courage sont les caractères moraux qui distinguent les aigles des autres oiseaux de proie, sans contredit celui dont il est question ici est autant un aigle que celui dont nous avons parlé sous le nom de griffard ; car il est le tyran de tous les grands oiseaux qui habitent ses états ; c'est un vrai despote, qui, abusant de ses moyens, fait la guerre à tout ce qui l'environne, et immole tout ce qui l'approche. Destiné à faire la chasse au peuple aîlé, la nature l'a doué d'une grande aisance dans son vol ; une très-longue queue lui sert admirablement bien pour se diriger avec agilité, et parer aux reviremens fréquens et prompts qu'employent les oiseaux qui cherchent à éviter ses cruelles serres ; écarts brusques, qui, presque toujours, les font échapper à tout autre oiseau de rapine, mais qui deviennent inutiles avec celui dont nous parlons.

C'est à la poursuite des ramiers que l'on peut admirer l'adresse du Blanchard; il semble même de préférence chasser ces oiseaux, dont le vol est le plus rapide et le plus variée; et c'est sur-tout de l'espèce que j'ai décrite sous le nom de ramron dont il fait sa proie ordinaire. J'ai vu des faucons, des autours, des éperviers et des hobereaux, etc., poursuivre nos ramiers en Europe; mais je les ai peu vu réussir, dans cette chasse, même en se jettant dans des volées entières de ces oiseaux. Leurs moyens étoient, à la vérité, différens de ceux qu'emploie le Blanchard avec tant de succès. Les oiseaux de haut vol poursuivent à tire d'aîle leur proie, et cherchent à l'aborder, soit par dessus, soit de côté, afin de s'en saisir; celui-ci, au contraire, mesure son vol, se domine et ne donne rien au hasard. Le ramron, comme on peut le voir dans sa description, s'élève au-dessus des grands arbres, et semble s'amuser d'une singulière manière de voler qui n'appartient qu'à lui : c'est alors que le Blanchard part de l'endroit où il étoit en embuscade ; et s'il peut arriver sous le ramron avant que celui-ci ait eu le tems de se précipiter dans le bois, pour se cacher dans ses broussailles, c'en est fait de lui ; tous ses détours, tous ses mouvemens brusques et réitérés lui deviennent inutiles ; son ennemi pare à tout, et semble chercher plutôt à le lasser qu'à le poursuivre ; toujours au-dessous de lui, son unique soin est de l'empêcher de gagner les arbres ; et plutôt le ramron s'y précipite, plutôt il est pris; parce que le Blanchard parcourant pendant le même tems la ligne la plus courte, se trouve toujours au passage, et saisit sa proie au moment où souvent elle croit lui échapper. Ce n'est que lorsque le ramron est forcé de gagner la plaine, que le Blanchard vole droit sur lui, et le prend en un instant, parce qu'alors il est déja très-fatigué ; mais il est fort rare qu'il ose quitter le bois, vu que son unique ressource est d'arriver dans le plus épais des arbres, où les mouvemens du Blanchard se trouvant génés, il peut espérer d'échapper à la mort.

Le Blanchard plume sa proie avant de la déchirer, et c'est toujours perché sur les branches basses d'un gros arbre, qu'il la dévore, ou sur le tronc d'un arbre renversé, ou sur un rocher, enfin sur un endroit élevé, mais jamais à terre.

Le Blanchard ne fréquente que les forêts ; il se tient de préférence dans les endroits où se trouvent les plus grands arbres, et où il y en a le moins, parce que découvrant mieux tout ce qui lui paroît propre à faire sa nourriture, c'est de-là que, tapis derrière une grosse branche, il guette les ramrons et les perdrix de bois, qu'il saisit en se précipitant avec bruit de dessus l'arbre sur la troupe. Il se nourrit aussi d'une très-petite espèce de gazelle, qui ne se trouve que dans les forêts; j'en ai parlé dans mes voyages sous son nom hottentot de *nometjes*.

J'ai eu long-tems le plaisir d'observer un couple de Blanchards, mâle et femelle, qui étoit établi près de mon camp dans les bois du charmant et délicieux pays d'Auteniquoi. Je les ai examiné pendant plus de trois semaines avant de les tuer. Assis au pied d'un arbre, je passois des matinées entières à observer tous leurs mouvemens et toutes leurs ruses. Comme, dans ce tems, ils étoient occupés à couver, et que jamais le nid n'étoit vaquant, je me voyois sûr de les retrouver chaque jour dans les mêmes lieux. Quand l'un d'eux s'étoit saisi d'une proie quelconque, tous les corbeaux des environs accouroient par troupes innombrables; criant autour de lui, et cherchant à avoir leur part du butin; mais l'aigle paroissoit mépriser ces oiseaux piaillards, qui, n'osant approcher de trop près, se contentoient de se jetter sur les débris qui tomboient de l'arbre où le Blanchard dévoroit paisiblement sa proie. Quand

Quand il se présentoit dans l'arrondissement un oiseau de rapine quelconque, le Blanchard mâle le poursuivoit à toute outrance jusqu'à ce qu'il fut hors de son domaine. Les plus petits oiseaux pouvoient tous impunément s'approcher jusque sur le nid même de cet aigle, qui ne leur faisoit aucun mal ; ils étoient même là en sûreté contre les attaques des oiseaux de proie d'un ordre inférieur.

Les aîles du Blanchard ne paroissent point être d'une envergure aussi considérable que ceux des autres aigles ; parce que, ne s'étendant que jusqu'à la moitié de la longueur de la queue, elles semblent être plus courtes, proportionnellement à cette queue, qui est fort longue ; mais si l'on considère le volume de son corps, on trouve son envergure assez grande.

Le Blanchard a le corps moins gros que nos aigles ; il est plus allongé et plus svelte de taille ; enfin, comme il convenoit qu'il fut construit pour la chasse aux oiseaux. Il est, en un mot, à nos aigles ce que sont les levriers aux dogues.

Le Blanchard est caractérisé par une espèce de huppe qui prend naissance derrière l'occiput; mais elle est beaucoup moins apparente que dans l'espèce précédente. On l'apperçoit très-peu dans la femelle : celle-ci est d'un tiers plus forte que le mâle ; sa couleur est généralement plus lavée de brun fauve, sur le manteau et les couvertures des aîles ; tous deux sont gantés ; c'est-à dire, qu'ils ont des plumes jusques sur les doigts. La queue est rayée transversalement de noir et de blanc ; les grandes pennes sont brunâtres dans leurs barbes extérieures, et rayées dans toute la partie qui est couverte quand l'aîle est ployée. L'iris et les doigts sont d'un beau jaune ; les griffes, qui sont très-fortes, ont une couleur plombée, ainsi que le bec.

Toutes les plumes du Blanchard sont douces au toucher, et non rudes, comme celles des aigles en général. Son ramage est formé de plusieurs sons aigus répétés précipitamment, et qu'on peut rendre par *cri-qui-qui-qui-qui*. Lorsqu'il est perché et repu, on l'entend pendant des heures entières répéter ces mêmes accens, qui paroissent assez foibles pour un oiseau dont la taille égale, à un tiers près, celle du griffard.

Le Blanchard bâtit son aire sur le sommet des grands arbres. Le mâle couve tour à tour avec sa femelle.

Je n'ai trouvé que deux œufs dans le seul nid de Blanchard que j'aie vu : ils étoient blancs et de la grosseur de ceux d'une dinde, mais d'une forme plus ronde.

Quand, obligé de quitter mon camp, je me décidai à tuer le mâle et la femelle, les petits étoient déja couverts entièrement d'un duvet blanc fauve. J'ai essayé d'élever ces deux aiglons ; mais mes chiens les tuèrent avant qu'ils ne fussent couverts de toutes leurs plumes. A juger par celles qu'ils avoient déja, la première livrée du Blanchard approche beaucoup de celle de l'âge fait ; à l'exception que le brun est plus lavé et que toutes les couvertures des aîles sont bordées de roussâtre. En général, j'ai remarqué dans beaucoup de jeunes oiseaux de proie, que la couleur fauve rousse borde toujours les plumes de tout le manteau. Je n'ai jamais rencontré le Blanchard que dans le pays d'Auteniquoi.

LE BLANCHARD.

LE VOCIFER, N°. 4.

Voici, sans contredit, une des plus belles espèces d'aigles ; non-seulement distinguée par la beauté de son plumage, mais encore par l'élégance de sa forme et par sa taille, dont les dimensions égalent celles de l'orfraye. Le Vocifer est remarquable par le blanc de la partie antérieure du corps et de la queue, et par le brun roux mêlé de noir qui en pare le reste ; les plumes de la tête, du cou et des scapulaires, qui sont blanches, montrent toutes leurs côtes brunes. Celles de la poitrine portent quelques taches rares, longitudinales, d'un noir brun ; le reste du plumage est d'un brun ferrugineux, flambé d'un noir brûlé ; les plus petites couvertures des aîles sont d'une teinte plus claire, approchant de la rouille ; les scapulaires, qui les avoisinent, sont mêlés de noir, et tranchent agréablement sous le blanc des autres, qui s'étendent sur le dos en pointe de mouchoir. Les pennes de l'aîle sont noires et en partie comme finement marbrées de blanc et de roux à leurs barbes extérieures ; le bas du dos et les recouvremens du dessus de la queue sont d'un noir mêlé de blanc sale. Entre le bec et l'œil, la peau se montre, et cette partie est seulement couverte de poils rares : sa couleur est jaunâtre, ainsi que la base du bec, les pieds et les doigts. L'iris est d'un brun rouge ; les plumes des jambes descendent d'un demi pouce sur le tarse par devant ; les ongles et le bec sont d'un bleu de corne ; le jabot, qui s'apperçoit un peu, est couvert d'un duvet long et frisé. La queue est légèrement arrondie; c'est-à-dire, que les pennes extérieures sont les plus courtes, tandis que les autres s'allongent successivement jusqu'aux deux du milieu qui sont les plus longues et d'ailleurs égales entre elles.

La femelle a beaucoup moins de noir dans son plumage ; son blanc est moins pur et son roux moins foncé. Elle est plus forte que le mâle.

Les aîles ployées s'étendent jusqu'à l'extrêmité de la queue, et leur envergure est de près de huit pieds.

Dans son jeune âge, le Vocifer, au lieu de blanc, porte du gris cendré, et sa queue est alors entièrement de cette dernière couleur ; mais avec l'âge elle devient blanche. A la seconde mue, il a déja autant de blanc que de gris, et la queue est de même composée de quelques pennes entièrement blanches, d'autres d'un gris brun, et quelques-unes enfin mêlées de ces deux couleurs. Ce n'est donc qu'à la troisième année que ces oiseaux prennent entièrement leur livrée, telle qu'on la voit dans la planche enluminée qui représente la femelle.

On trouve le Vocifer sur les bords de la mer, et principalement à l'embouchure des grandes rivières, sur la côte est et ouest d'Afrique. Dans toute la distance que j'ai parcourue de cette partie du monde, je ne l'ai jamais vu dans l'intérieur des terres, parce que, faisant sa principale nourriture de poisson, il ne fréquente que les lieux jusqu'où remonte la marée; car la plupart des rivières de l'Afrique n'étant que des torrens qui descendent des montagnes, on sent bien que le poisson doit y être aussi rare qu'il est abondant sur la côte et dans la partie des rivières qui avoisine la mer. Dans l'intérieur des terres, j'ai seulement trouvé ces oiseaux, le long du cours de la rivière d'Orange, ou Grande-Rivière, parce qu'elle est poissonneuse par-tout.

Le Vocifer, de même que l'orfraye et le balbusard, fond rapidement du haut des airs sur le poisson qu'il apperçoit. J'ai eu souvent occasion de voir cet aigle s'abattre avec bruit sur l'eau, y plonger même son corps entier, et en sortir tenant un fort gros poisson dans ses serres. C'est sur des rochers voisins ou sur des troncs d'arbres que les eaux ont déracinés, chariés et ammoncelés sur les bords des rivières, qu'il va dévorer sa proie et qu'il fait l'établissement de sa pêcherie d'une manière fixe et stable ; car il mange habituellement sa pêche aux mêmes endroits, qu'il est facile de reconnoître aux monceaux des têtes et des arêtes de poisson que l'on y trouve. J'ai vu des ossemens de gazelles parmi ces restes; ce qui prouve qu'il chasse aussi ce gibier. Il dédaigne apparemment de faire la guerre aux oiseaux; car je n'en ai jamais trouvé des débris dans ceux dont j'ai parlé, mais bien ceux d'une espèce de grand lézard très-commun dans plusieurs rivières d'Afrique.

J'ai pris le nom de Vocifer de l'habitude qu'ont ces aigles de jetter fréquemment de grands cris, différemment accentués, et de se répondre entre eux de fort loin, perchés sur les rochers qui bordent la mer, ou sur quelque tronc d'arbre renversé sur le sable des rivières. On les voit, pendant ces sortes de conversations bruyantes, faire de très-grands mouvemens du cou et de la tête; indice certain des efforts nécessaires à la production des accens variés de leur voix. Ces cris les décèlent toujours; mais il est néanmoins fort difficile de les approcher d'assez près pour les tirer. J'ai été obligé, pour parvenir à en tuer un, de faire creuser une fosse, recouverte d'une natte, sur laquelle j'avois fait jetter de la terre : j'ai passé trois jours entiers dans cette embuscade à portée d'un tronc d'arbre sur lequel une couple de ces oiseaux venoient d'ordinaire dévorer leur proie. Ils n'y sont revenus que quand la terre dont j'étois recouvert n'avoit plus une couleur fraiche et différente de celle qui est hâlée par l'ardeur du soleil. A la fin du troisième jour, j'ai tué la femelle, qui encore, comme on a pu le voir dans la relation de mes voyages, m'a presque couté la vie, en l'allant chercher de l'autre côté du Queur-Boom, où elle étoit tombée, et où j'ai manqué de me noyer. Sans la ruse dont je me suis servi, j'aurois probablement quitté l'Afrique sans avoir pu jouir du plaisir de possédcr un aussi bel oiseau. Le mâle en cherchant sa femelle, se fit tuer près du camp en dévorant les restes d'un buffle que j'avois fait jetter pour attirer les oiseaux carnivores.

Le Vocifer est très-méfiant et fort difficile à approcher ; il part dès qu'il apperçoit le chasseur, et même de très-loin. Il s'élève à une hauteur prodigieuse; son vol a une grace toute particulière : on entend fréquemment le mâle, pendant cette fonction, pousser des sons que l'on peut rendre par *ca-hou-cou-cou.* Ces syllabes étant prononcées lentement, la seconde chantée quatre tons plus haut que la première et les deux autres successivement d'un ton plus bas, on imitera parfaitement le ramage de plaisir de cet oiseau (1). Il est à remarquer que

---

(1) 

c'est toujours en l'air que le Vocifer fait entendre ce chant ; non en planant, mais quand il accompagne son vol d'un mouvement d'aîles remarquable et comme avec une sorte de complaisance, en les ramenant par dessous son corps, au point de les faire toucher presqu'ensemble. Nous observerons dans ce mouvement, qui accompagne la voix pendant le vol, une analogie avec ce que nous avons dit de celui qu'il forme en criant lorsqu'il est perché, et qui montre, à ce que je crois, la nécessité d'un surcroît d'effort dans cet oiseau, dont la voix est extraordinaire et fort remarquable, en ce qu'il est très-sonore, qu'on y trouve une certaine harmonie qui plaît, et qui flatte l'oreille, sans avoir enfin le désagréable ton perçant, aigre et plaintif de la plupart des oiseaux de proie.

Le mâle et la femelle ne se quittent point, et partagent de la meilleure intelligence ce que l'un ou l'autre a pêché ou pris à la chasse. Ils construisent leur aire sur le sommet des arbres ou sur les rochers, comme le griffard ; à l'exception qu'il est garni intérieurement de matières douillettes, telles que plumes, laine, etc. ; et sur lesquelles sont déposés deux ou trois œufs entièrement blancs et de la forme de celui d'une dinde, mais plus gros. Les colons du Cap de Bonne-Espérance nomment cet oiseau grand-pêcheur de poisson (*groote-vis-vanger*), ou pêcheur de poisson blanc (*witte-vis-vanger*).

Je n'ai jamais entendu qu'une seule fois, dans les environs de la baie Falso, un Vocifer; de sorte qu'il paroît très-rare vers le Cap. Ce n'est guère qu'à soixante ou quatre-vingts lieues de-là qu'on commence à le voir communément ; mais l'endroit où il s'en trouve le plus, c'est vers la baie Lagoa. Il semble que le Vocifer se trouve aussi en Négritie ; car c'est assurément à lui que l'on peut rapporter ce que Gaby raconte de l'aigle qu'il désigne sous le nom de nonette. Il a, dit-il, la couleur de l'habit d'une carmélite, avec son scapulaire blanc. Cette courte description convient certainement plus au Vocifer, qu'à notre balbusard, à qui Buffon le rapporte très-mal à propos.

LE VOCIFER.

LE BLAGRE, No. 5.

Le Blagre est en Afrique ce qu'est le balbusard en Europe. Modélé sur les mêmes proportions, il a aussi précisément les mêmes moeurs. Il fait sa principale nourriture de poisson, qu'il fixe du haut des airs, et qu'il saisit en se plongeant même entièrement dans l'eau. Perché sur un arbre près d'une rivière ou d'un lac, ou sur quelque rocher qui borde la mer, il passe des matinées entières à y guetter les poissons qui se présentent à sa portée. On le trouve rarement dans l'intérieur des terres arides; il ne fréquente que les bords de la mer et des rivières poissonneuses. Il vole à une prodigieuse hauteur, d'où on l'entend pousser des cris très-aigus. Ces oiseaux paroissent avoir l'œil perçant; car je les ai vu descendre presque des nues tout droit sur des poissons qui nageoient à la surface de l'eau, et en emporter d'assez gros dans leurs serres. La chair du Blagre a un goût insipide de poisson, et sa graisse, qui est très-abondante, est si huileuse, qu'en écorchant l'oiseau, elle se répand sur toutes les plumes. Deux individus de cette espèce, que j'ai préparés avec le plus grand soin, ont été entièrement gâtés, parce que cette graisse, avec le tems, s'est répandue sur chacune des plumes de ces oiseaux; de manière qu'elles s'en sont trouvées entièrement imbibées, comme si on avoit trempé la peau dans de l'huile.

Le Blagre est de la taille de notre balbusard; ses plumes ont la rudesse de celles des martins-pêcheurs, sur tout celles du ventre, dont les barbes sont fort serrées et fort unies. La tête, le cou, et tout le plumage antérieur, sont d'un blanc satiné. Sur la tête et le derrière du cou, la côte de chaque plume est brunâtre; le manteau et les petites couvertures des aîles sont d'un léger gris brun, ainsi que la queue, dont le bout est blanc. Les grandes pennes sont noirâtres; les moyennes ont leurs barbes extérieures de la même couleur que le manteau; le bec est brunâtre; les pieds sont jaunes, les ongles noirs et l'iris est d'un brun foncé.

Les ornithologistes qui, comme Buffon, ne cherchent qu'à diminuer les espèces, ne manqueront pas de prendre le Blagre pour une variété de notre balbusard; mais moi, qui ne crois point à ces grandes variations de climat, je le donne pour être certainement une seconde espèce.

Kolbe, dans son voyage au Cap, fait mention de plusieurs aigles qu'il y a vus, dit-il; mais, en jettant les yeux sur la partie ornithologique de son livre, il est aisé de voir qu'il n'avoit pas la moindre connoissance dans cette partie. Le stront-vogel, qu'il donne pour un aigle, est un très-grand vautour du Cap, dont je parlerai. Je n'ai jamais vu au Cap l'orfraye, ni l'oiseau qu'il nomme l'aigle canardière, qui s'élevant, dit-il, à une prodigieuse hauteur, dévoroit en l'air les canards. Il est absurde d'avancer un pareil fait, qui est parfaitement faux; car jamais les oiseaux de rapine ne dépècent leur proie en volant. Buffon rapporte, je ne sais pourquoi, cet aigle canardière à son petit aigle : il n'y a pourtant pas un mot dans l'indication de Kolbe qui puisse l'avoir autorisé à ce rapprochement. Quant aux autres aigles que ce voyageur a vus en mer dévorant les poissons volant, ce n'étoit probablement que des frégates ou des albatros, dont il aura fait des aigles; comme de l'outarde du Cap il a fait un paon; parce qu'en effet les colons nomment l'outarde, paon sauvage. Il seroit plus qu'étonnant, qu'ayant passé cinq ans au Cap, uniquement occupé à la recherche des oiseaux, je n'aie jamais apperçu ces aigles dont parle Kolbe, et qu'il dit sur-tout y être si communs. Je ne me serois jamais avisé de parler des oiseaux dont Kolbe fait mention, si Buffon ne s'étoit pas servi de ses indications pour faire des rapprochemens et pour en tirer des conséquences souvent très-absurdes.

Il n'y a point d'oiseau sur lequel on ait débité autant de fables que sur les aigles, et principalement sur notre balbusard, qui a été très-anciennement connu ; si toutefois on peut se servir du mot connu, pour désigner les erreurs grossières qui ont été débitées sur cet oiseau. Albert le Grand ayant écrit que le balbusard avoit un pied d'épervier, et l'autre pareil à celui d'une oie ; Gesner, Aldrovande, Klein, et même Linnæus, l'ont répété d'après lui. Rien ne prouve mieux la manière dont observoient les anciens ornithologistes ; et malheureusement il n'y a aucun ouvrage nouveau qui ne soit entaché de toutes ces erreurs et absurdités des écrivains anciens ; et cela parce qu'il est plus court et plus facile, de compiler tranquillement un livre que de faire soi-même des observations ; et c'est très-souvent d'après les exposés les plus absurdes et les plus hors de vraisemblance qu'on tire des conséquences ; car les ornithologistes qui n'ont jamais étudié la nature que dans les écrits de leurs prédécesseurs, et voulant cependant nous donner aussi leurs propres idées, entassent de nouvelles réflexions absurdes sur d'anciennes erreurs ; ce qui ne nous donne que des résultats encore plus monstrueux. C'est ainsi que Buffon lui-même, confondant souvent trois et quatre espèces très-différentes et très-connues, pour n'en faire qu'autant de variétés de la même espèce, nous présente ensuite, pour une seconde espèce du même genre, un oiseau dont il n'a d'autre indication qu'une description si imparfaite qu'il est absolument impossible de débrouiller le genre auquel il appartient.

Quant à moi, je trouve que ceux qui ont donné les variétés d'âge ou de sexe de la même espèce comme autant de différentes espèces, ont moins fait de mal que Buffon, qui s'élève si fort contre eux, lorsqu'il nous indique comme trois variétés de climat trois oiseaux, qui non-seulement sont de différentes espèces, mais même de genres différens, comme je le prouverai en parlant des pie-grièches du Cap; et dans cent autres articles, je prouverai aussi que ce grand naturaliste, en écrivant son ornithologie, n'a peut-être jamais vu l'oiseau dont il parloit, ou du moins qu'il ne l'a certainement pas examiné. D'ailleurs, il n'y a pas d'ouvrage sur les oiseaux à qui ce que je viens de dire ne puisse être appliqué. A quoi bon rappeller dans chaque nouvelle ornithologie, quantité d'espèces si superficiellement décrites soit par des voyageurs, soit par les anciens, qu'il est même douteux que ces oiseaux aient jamais existé. Je pense qu'il vaut mieux d'écrire bien exactement une espèce que l'on voit et dont on est certain de l'existence, que de se disputer sur l'analogie d'une autre, décrite depuis plus d'un siècle; et certainement plus on sera indécis sur l'espèce à laquelle on peut rapporter un individu décrit, autant plus mal sera faite cette description. D'ailleurs, quand j'ouvre un livre pour m'instruire et que je vois un oiseau très-connu, le balbusard par exemple, à qui on donne un pied d'oiseau de proie et un de canard; et qu'un autre me dit que cela est possible, puisqu'il sait qu'il existe des poules d'eau qui sont moitié palmipèdes et moitié fissipèdes; tandis qu'un autre prétend encore du même oiseau, que le père et la mère tuent celui de leurs petits qui ne peut soutenir les rayons du soleil; et d'autres encore, que les balbusards sont le produit d'aigles de différentes espèces qui s'accouplent ensemble, et que ces balbusards produisent après de petits vautours, qui eux-mêmes produisent de grands vautours, etc. etc. : je dis qu'il faut ne jamais ouvrir ces livres pour s'instruire, et que ceux qui les ont écrits n'étoient rien moins qu'ornithologistes, et certainement point observateurs. On ne peut donc ajouter foi à leurs écrits comme naturalistes. Buffon, qui a combattu ces absurdités, y tombe cependant lui-même, au sujet de l'urubu et du stront-vogel du Cap, désignés par Kolbe. J'invite le lecteur à lire d'un bout à l'autre dans Buffon, l'article de l'urubu, *ouroua*, *aura* ou marchand; il verra là tout ce qu'il est possible d'entasser d'absurde sur les rapprochemens.

LE CAFFRE, N°. 6.

On peut regarder cet oiseau comme une espèce intermédiaire entre les aigles et les vautours. Il ressemble plus aux derniers par la forme de son bec, et par ses serres, qu'il a peu arquées et émoussées ; mais il n'a pas la tête dénuée de plumes ; caractère invariable que nos méthodistes ont assigné à ce genre d'oiseaux. Celles qui recouvrent le cou ne sont point non plus effilées et allongées comme elles le sont, en général, chez les vautours. C'est donc une de ces espèces qui contrarient encore nos divisions méthodiques, et qui se refusent aux classifications qu'ont adoptées plusieurs de nos nomenclateurs, mais que la nature désavoue. L'état actuel de l'histoire naturelle nous a montré tant de fois la nature s'écartant des règles précises

cises et rigoureuses de nos systêmes, que nous devons déja être accoutumés à ses écarts; de sorte que nous pouvons en conclure que nos méthodes deviendront toujours plus fautives à mesure que nos connoissances s'étendront, que nous découvrirons un plus grand nombre d'individus; et qui, comme celui dont il est question, très-utile à l'arrangement d'une série naturelle, l'est en revanche très-peu à nos divisions tranchantes et systématiques.

Le Caffre est de la taille de l'aigle royal ou grand aigle. Il a le bec plus fort et les ongles beaucoup plus foibles. Les ailes ployées s'étendent, dans cette espèce, de huit pouces au-delà du bout de la queue, dont la pointe est usée et élimée, parce que, l'oiseau se retirant dans les rochers et se posant plus souvent à terre que l'aigle, le frottement l'endommage un peu. Le tarse est couvert de plumes qui descendent jusque sur les doigts. La queue est arrondie, les plumes extérieures étant les plus courtes.

Tout le plumage du Caffre est d'un noir mat, à l'exception de quelques reflets brunâtres dans les petites couvertures des aîles, vers les pennes de l'aîle. L'œil, qui est très-grand, s'enfonce profondément dans l'orbite; et l'iris est d'un brun maron. Le bec est bleuâtre à sa base, et jaunâtre dans toute la partie de sa courbure. Les ongles sont noirs et les doigts d'un jaune terne. Je n'ai trouvé cette espèce que dans le voisinage de la Caffrerie, où elle est même assez rare. Je n'ai jamais vu que cinq individus de cette espèce et je n'en ai pu tuer que deux qui vinrent se précipiter sur les débris d'un buffle, que j'avois fait jeter à l'écart pour les attirer. En les écorchant, il s'exhala de leurs corps une odeur insupportable; ce qui prouve qu'ils font leur principale nourriture des cadavres qu'ils rencontrent. Comme les vautours, ils sont obligés de marcher quelques pas avant de pouvoir s'enlever de terre ; mais ils ne volent point en grandes troupes, car je ne les ai jamais vu que deux ensemble, apparemment le mâle et la femelle. N'ayant tué que deux femelles, je ne puis assigner la différence qui se trouve entre les deux sexes. Je n'ai pu apprendre rien de particulier sur leurs habitudes et leurs pontes ; les Sauvages m'ont assuré seulement qu'ils nichent dans les rochers ; qu'ils attaquent les agneaux, les dévorent sur la place, et que jamais ils n'emportent leur proie dans leurs griffes, même quand ils ont des petits. Nous savons que l'aigle porte la sienne dans son aire pour la déchirer et la partager ensuite à ses aiglons. Le vautour, au contraire, n'apporte à ses petits leur nourriture, que dans son jabot, d'où il la dégorge ensuite. Voilà du moins une observation que j'ai faite plusieurs fois sur l'espèce que les colons du Cap nomment *stront-vogel* (oiseau de merde), ou *aas-vogel* (oiseau de charogne). Il y a même lieu de croire que c'est là généralement l'usage de tous les vautours ; car leurs griffes ne sont pas propres à empoigner ni à serrer fortement.

LE CAFFRE

LE BATELEUR, Nos. 7 ET 8.

De toutes les espèces d'oiseaux de proie connus jusqu'à ce jour, il n'en est aucune à laquelle on puisse comparer ni rapporter celui dont il est ici question. Sa queue, extraordinairement courte, le distingue et le caractérise d'une manière particulière ; car elle dépasse à peine les plumes du croupion qui en recouvrent plus de la moitié, et dans toute sa dimension, elle atteint au plus six pouces de longueur ; ce qui prête à l'oiseau peu de grâce sur-tout en volant, et contraste mal avec ses grandes aîles, dont l'envergure paroît encore plus ample à cause du peu d'étendue de cette queue. Quand je vis voler le Bateleur pour la première fois, je crus appercevoir un oiseau que quelqu'accident avoit privé de sa queue ;

et l'on seroit d'autant plus porté à le présumer, que, dans son vol, il a effectivement un mouvement très-extraordinaire, et que j'attribuai d'abord au défaut de la queue, laquelle, tenant lieu de gouvernail, sert si bien aux oiseaux de proie pour se diriger avec grâce et agilité dans les plaines de l'air. Mes observations me prouvèrent, par la suite, que la queue écourtée de cet oiseau est un caractère constant dans l'espèce, et sa manière de voler un jeu dont il s'amuse en provoquant sa femelle, qui lui répond de la même manière.

Le Bateleur plane en tournoyant en rond, et laisse échapper, de tems en tems, deux sons très-rauques, dont l'un est chanté d'un octave plus haut que l'autre; et de moment à autre, il rabat tout à coup son vol, et descend à une certaine distance, en battant l'air de ses aîles, de manière que l'on croiroit qu'il s'en est cassé une et qu'il va tomber jusqu'à terre. Sa femelle ne manque alors jamais de répéter le même jeu. On peut entendre ses coups d'aîles à une très-grande distance ; je ne puis mieux comparer le bruit qui en résulte, et qui n'est qu'un froissement dans l'air, qu'à celui que fait une voile dont un des coins s'est détaché, et qu'un grand vent agite violemment.

J'ai tiré le nom de cet oiseau de sa manière de se jouer dans les airs : on diroit, en effet, un bateleur qui fait des tours de force pour amuser les spectateurs. Ces oiseaux sont très-communs dans tout le pays d'Auteniquoi et le long de la côte de Natal jusque dans la Caffrerie. Il ne s'est peut être pas passé un seul jour pendant tout le tems que j'ai parcouru cette charmante contrée sans qu'il ne me soit arrivé d'en voir plusieurs couples. Le mâle et la femelle ne se quittent jamais, et rarement les apperçoit-on l'un sans l'autre.

Si la queue très-courte de cet oiseau le distingue des autres oiseaux de proie, ses couleurs très-marquées aideront encore à ne pas le confondre avec d'autres espèces voisines. Le Bâteleur est d'une grosseur mitoyenne entre l'orfraye et notre balbusard. Son bec et ses serres sont noires ; la base du bec est jaunâtre ; les pieds sont d'un brun jaunâtre, couverts de larges écailles ; la tête, le cou, tout le devant et le dessous du corps sont d'un beau noir mat, sur lequel tranche fortement la couleur d'un roux foncé, qui est celle du dos et de la queue ; les scapulaires sont d'un noir lavé, prenant, à certain jour, une teinte d'un gris bleuâtre ; toutes les petites couvertures des aîles sont d'un fauve isabelle ; toutes les pennes de l'aîle sont noires dans leurs barbes intérieures, et sont liserées extérieurement d'un gris argentin ; de manière que quand l'aîle est ployée, elle paroît en grande partie être de cette dernière couleur. L'œil est d'un brun foncé. La femelle est d'un quart plus forte que le mâle, et ses couleurs ont, en général, un ton plus foible.

Le Bateleur bâtit son nid sur les arbres ; la femelle pond trois et quatre

LE BATELEUR

œufs, qui sont entièrement blancs : c'est du moins ce que m'ont assuré les colons des cantons qu'habitent ces oiseaux ; car je n'en ai jamais vu la ponte. Quant aux jeunes, j'en ai tué plusieurs ; dans cet état, ils sont si différens des vieux par leurs couleurs, que, si je ne les avois pas tués pendant que le père et la mère leur donnoient encore à manger, quoiqu'ils fussent aussi forts qu'eux, et si, en les disséquant, je ne les avois reconnu pour être des jeunes oiseaux, il est certain que je les aurois pris pour une variété du même genre. Lorsque je les apperçus, ils étoient au nombre de six tous perchés sur un très-gros arbre, qui portoit l'aire ou probablement les quatre petits étoient éclos. J'abattis d'abord le père et la mère, après quoi je parvins à tuer trois des jeunes, et ne pus joindre le quatrième, qui s'étoit envolé trop loin dans le bois. Parmi ces trois jeunes, je reconnus, à la dissection, un mâle et deux femelles ; et il est plus que probable que celui qui m'échappa étoit un second mâle. Les trois jeunes Bateleurs portoient exactement la même livrée, telle qu'on peut la voir dans la planche 8, où j'ai fait représenter l'une des jeunes femelles. J'ai tué, quelques mois après, d'autres jeunes de la même espèce, mais plus avancés en âge, ils portoient déja beaucoup de plumes rousses sur le croupion et sur toute la tête; et le dessous du corps poussoit aussi plusieurs plumes noires. Il paroît donc que ce n'est qu'à la troisième mue que le Bateleur prend entièrement sa belle livrée, telle qu'on la voit dans notre planche enluminée.

Dans son jeune âge, la base du bec est bleuâtre, le bec couleur de corne et les pieds sont jaunâtres; la couleur générale du plumage est alors d'un brun uniforme, plus clair sur la tête et le cou, et plus foncé sur le reste du corps. Mais toutes les plumes sont en partie bordées d'une teinte plus claire et plus lavée.

Le Bateleur se repait, comme les vautours, de toutes les espèces de charogne;

cependant il attaque souvent les jeunes gazelles, et, dans les environs des habitations, il cherche à surprendre les agneaux ou les moutons malades; les jeunes autruches, quand elles sont encore petites, deviennent aussi sa proie, surtout quand quelqu'accident les ont séparées de leurs père et mère. Les colons d'Auteniquoi nomment cet oiseau de proie *berg-haan* (coq de montagne); c'est le nom qu'ils donnent, en général, à tous les oiseaux de rapine et particulièrement aux aigles.

Il suffit de jeter un coup d'œil sur cet oiseau, pour être convaincu qu'il n'a point les caractères qu'on a donnés aux aigles; car ses serres ne sont point aussi fortement arquées, et son bec est pareillement moins vigoureux. C'est encore une de ces espèces ambigues qui tiennent autant du vautour que de l'aigle, et qui doit occuper, à côté du caffre, une place entre les aigles et les vautours.

Le canton où j'ai vu le plus communément le Bateleur est celui où j'étois campé sur les bords du Queur-boom, proche la baie Lagoa. Ils ne volent point en troupes, et on n'en voit plusieurs ensemble que lorsqu'un concours d'autres oiseaux de proie a attiré tous ceux du canton sur quelques cadavres. Dans ce seul cas, on les trouve rassemblés; mais quand ils sont repus, chaque couple prend une route différente pour se rendre dans leurs retraites respectives, et s'enfoncer dans les montagnes voisines ou dans les différens quartiers de la forêt, où ils ont établi leur demeure.

J'ai remarqué aussi que ces oiseaux emportent dans leurs jabots la nourriture qu'ils dégorgent ensuite à leurs petits, à qui ils paroissent très-attachés; car je les ai vus constamment leur porter à manger quoiqu'ils fussent déja aussi forts qu'eux et bien capables de se pourvoir eux-mêmes de nourriture.

LE BATELEUR, JEUNE ÂGE.

L'ORICOU, No. 9.

Cette espèce, plus forte que nos plus grands vautours, a dix pieds passé d'envergure, et porte un de ces caractères tranchans qu'il est bon de saisir, pour en tirer les dénominations des animaux: c'est une membrane haute de quatre lignes qui environne l'oreille par devant et qui se prolonge ensuite en ligne droite sur le cou. Cette manière de conque relevée et de quatre à cinq pouces de long, doit sans doute augmenter les facultés de l'ouïe. Dans cette espèce, toute la tête et la moitié du cou sont nues, et d'une couleur rouge de chair; cette couleur prend un ton bleu violâtre vers le bec et se blanchit près des oreilles: on remarque seulement sur cette peau colorée quelques poils courts et rares. La gorge est noire et couverte de poils roides de la même couleur. Toutes les plumes du dessus du corps, les aîles et la queue sont d'un brun sombre, bordé d'une teinte plus claire; toutes celles qui recouvrent le cou par derrière sont contournées, et forment une espèce de cravatte frisée, dans laquelle l'oiseau, en faisant rentrer son cou, cache toute la partie qui est dégarnie de plumes: c'est surtout en digérant que ce vautour prend cette maussade attitude. Le jabot est couvert d'un duvet fin, soyeux et lustré, qui n'imite pas mal le pélage d'un quadrupède; depuis la poitrine jusqu'à la queue, tout le corps est recouvert de longues plumes étroites qui s'éloignent du corps à mesure qu'elles s'alongent. Elles sont arquées en lames de sabre; leur couleur est d'un brun foncé, bordé d'une teinte plus foible, ou d'un brun clair bordé de gris-blanc; les jambes et la moitié du tarse sont couvertes d'un duvet blanc très-fin, mélé d'une légère nuance de fauve dans les parties qui avoisinent le talon; le même duvet tapisse tout le dessous du corps, on l'apperçoit à travers les plumes sur la poitrine, et on le voit encore sur les côtés du cou. La queue est étagée ; on la trouve toujours usée par le bout. La base du bec et la peau qui l'entoure sont d'une couleur jaunâtre de corne ; les pieds et les doigts très gros sont renforcés de grandes écailles brunes ; les ongles larges et très-peu arqués, sont, ainsi que le bout du bec, couleur de corne ; l'œil est entouré de longs cils noirs ; l'iris est d'un brun maron.

Ce vautour est un oiseau de montagne, comme les autres espèces de ce genre ; les abris que forment les couches pierreuses et les cavernes qui s'y rencontrent sont proprement l'habitation de ces oiseaux. Ils y passent la nuit et viennent s'y reposer pendant le jour, lorsqu'ils sont repus ; on les apperçoit en grand nombre, au lever du soleil, perchés sur les rochers à l'entrée de leur demeure, et quelquefois une chaîne entière de montagnes en est parsemée, dans la majeure partie de toute son étendue. Le frottement des pierres dans les intervalles desquelles ils s'enfoncent, ou sur lesquelles ils se juchent, élime les pennes de leurs queues ; pendant que les aigles, marchant plus rarement et se perchant aussi sur les arbres, les conservent plus entières ; d'ailleurs, les vautours l'usent encore contre le sol dans la plaine, parce qu'ils ne prennent pas leur essor tout d'un coup, mais seulement après une course de quelques pas, et une contraction forcée des membres. Le vol des vautours n'en a cependant pas moins de force et de hauteur ; ils s'élèvent prodigieusement haut, et disparoissent totalement à la vue. On ne conçoit pas comment ces oiseaux qu'on ne peut souvent pas distinguer dans les airs, peuvent eux-mêmes appercevoir ce qui se passe sur la terre, y découvrir les animaux qui leur servent de pâture, et fondre sur eux en grand nombre au moment que la mort leur livre cette proie. Si un chasseur tue quelque grosse pièce de gibier, qu'il ne peut emporter sur l'heure, s'il l'abandonne un instant, à son retour il ne la retrouve plus; mais à sa place, il voit une bande de vautours et cela dans un lieu où il n'y en avoit pas un seul un quart-d'heure auparavant. C'est ce que j'ai éprouvé moi-même plusieurs fois dans mes voyages de la part des vautours, soit de l'espèce de celui dont il est question, soit des autres dont j'ai encore à parler; car tous ces voraces carnivores se réunissent et se mêlent dans cette circonstance. La première fois que je demeurai leur dupe fut dans une occasion où j'éprouvois la disette de provisions; et par conséquent la leçon qu'ils me donnèrent me fut assez sensible. J'avois tué trois zèbres; satisfait de ma chasse, je retournai à mon camp, dont j'étois éloigné d'une lieue, et je commandai qu'on amenât un charriot pour les enlever. Mes Hottentots, plus instruits que moi, me dirent que ce voyage leur paroissoit inutile, parce que les zèbres seroient dévorés avant notre retour.

Nous partîmes cependant ; mais à peine nous nous avançions que nous vîmes de loin l'air rempli de vautours. En arrivant nous en trouvâmes la campagne parsemée ; les zèbres étoient dévorés ; il n'en restoit que les grands os, et cependant les vautours arrivoient encore ; et de tous côtés, c'étoit un essaim étonnant et toujours mobile de ces animaux, dont on auroit pu compter plus de mille individus. Curieux d'observer comment pouvoit sitôt arriver un si grand nombre de vautours, je me cachai un jour dans un buisson, après avoir tué une grande gazelle, que je laissai sur la place; dans un instant il vint des corbeaux qui voltigèrent au-dessus de l'animal en croassant beaucoup ; en moins d'un demi-quart-d'heure, il arriva des milans et des buses ; un instant après, j'apperçus, en levant la tête, des oiseaux à une prodigieuse hauteur, et qui descendoient toujours en tournoyant. Je ne tardai point à reconnoître les vautours : on eût dit qu'ils s'échappoient d'un antre dans le ciel. Les premiers ne tardèrent point à fondre sur la gazelle : je ne leur donnai pas le tems de la dépécer ; je sortis de ma cachette ; ils reprirent lourdement leur vol, et rejoignirent leurs camarades dont l'affluence augmentoit à vue d'œil, et qui sembloient se précipiter des nues pour partager la proie ; mais ma présence les fit bientôt tous disparoître dans les airs.

Voici donc comment les vautours sont appelés à partager une proie quelconque : les premiers oiseaux carnivores qui découvrent un cadavre donnent l'éveil aux autres, qui se trouvent aux environs, tant par leurs cris que par leurs mouvemens. Si le vautour le plus à portée ne voit pas la proie, de la haute région de l'air dans laquelle il nage au moyen de ses grandes aîles, il voit du moins les oiseaux de proie subalternes et terrestres, pour ainsi dire, qui se préparent à en faire curée ; mais peut-être le vautour a-t-il une assez bonne vue pour découvrir le gibier lui-même. Il descend donc à la hâte et en tournoyant; sa chûte avertit les autres vautours qui le voient et qui ont sans doute l'instinct exercé et l'instruction complette sur tout ce qui concerne la pâture. Il se fait donc dans le voisinage du cadavre un concours d'oiseaux carnivores qui tombent des nues et qui suffit certainement pour amener les vautours de toute la contrée, à peu près comme le mouvement de quelques hommes qui courent dans nos villes, amène tout le peuple après eux.

On peut quelquefois tirer une notiou utile de l'affluence des vautours vers le lieu qui recèle leur proie, et s'instruire du voisinage du lion, du tigre et de l'hienne, Lorsqu'un de ces animaux a tué quelque grand quadrupède, les vautours, qui l'ont apperçu, arrivent aussitôt, et toujours avec une affluence qui avertit le voyageur de se tenir sur ses gardes; mais ces oiseaux, timides et lâches, ne se sentant pas le courage de disputer une proie, montrent dans cette occasion toute la bassesse de leur caractère ; car, n'osant faire usage de leur force, de leurs armes, de la masse du corps, de l'avantage du vol, ni même de celui du nombre, moyen le plus stimulant pour les lâches, on les voit se poser respectueusement à quelque distance de l'animal féroce, attendant qu'il ait fini son repas et que sa faim contentée et sa retraite leur permettent de dévorer les restes qu'il leur abandonne.

Les Hottentots et les colons du Cap de Bonne-Espérance, bien instruits, par l'expérience, de l'habileté des vautours à découvrir le gibier et de leur voracité, n'abandonnent jamais une pièce de gibier qu'ils ont tuée et qu'il leur est impossible d'emporter pour le moment, sans avoir couvert et enterré, pour ainsi dire, l'animal sous un tas de branches et de feuillages ; ils laissent même sur le monceau ou leur mouchoir ou leur veste ; mais, malgré cette précaution, il leur arrive souvent de ne trouver à leur retour qu'un squelette; car les corbeaux, plus hardis, travaillent d'abord à découvrir l'animal, et les vautours se hasardent alors d'approcher, et ont bientôt entièrement dévoré leur proie.

Les colons hollandois des cantons où se trouve l'Oricou, lui donnent le nom de *swarte-aas-vogel* (oiseau de charogne, noir). Ils désignent ce vautour par sa couleur noire, pour le distinguer d'une autre espèce de vautours blonds, dont je parlerai dans l'article suivant sous le nom de chasse-fiente, nom qu'il porte au Cap, où les habitans le désignent par celui de *stront-jager* : ceux de *stront-vogel*, *stront-jager* ou *aas-vogel*, sont les noms que généralement on donne au Cap à tous les vautours.

Je n'ai jamais vu l'Oricou dans les environs du Cap; mais il est très-commun dans l'intérieur des terres, sur-tout vers le pays des Grands Namaquois, où on trouve aussi l'autre espèce.

Il niche dans les cavernes des rochers. La femelle ne pond que deux œufs blancs et très-rarement trois. C'est en octobre que ces vautours commencent à entrer en amour, et en janvier leurs petits sont tous éclos. Comme ils vivent en troupes formidables, une seule montagne recèle quelquefois autant de nids qu'il y a d'endroits propres à en contenir. Il est à remarquer que jamais les vautours ne nichent sur un arbre, du moins en Afrique; et je serois bien trompé s'il n'en étoit pas de même à l'égard des vautours du monde entier. Ils paroissent vivre en très-bonne intelligence entre eux; car j'ai vu dans la même caverne quelquefois jusqu'à trois nids l'un à côté de l'autre. Dans le tems de l'incubation, chaque mâle fait le guet sur la bouche de l'antre où couche sa femelle, qu'il est alors facile de remarquer, mais qui est en revanche presque toujours inaccessible. J'ai cependant, à l'aide de mes Hottentots, quelquefois franchi toutes les difficultés et risqué souvent ma vie pour examiner les nids de ces oiseaux, dont le repaire est un vrai cloaque dégoûtant, et infecté par une odeur insupportable. Il est d'autant plus dangereux d'approcher de ces retraites obscures, que l'entrée en est couverte de fiente, toujours liquide par l'humidité produite par les eaux qui suintent sans cesse des rochers; de sorte que l'on risque, en glissant sur ces pointes de rochers, de tomber dans des précipices affreux au-dessus desquels ces oiseaux s'établissent de préférence.

J'ai goûté des œufs de l'Oricou, ainsi que ceux du chasse-fiente, et je les ai trouvés assez bons pour en faire usage.

En naissant, le jeune Oricou est couvert d'un duvet blanchâtre. Au sortir du nid, son plumage est d'un brun clair, et toutes ses plumes sont bordées d'une teinte roussâtre. Celles de la poitrine et du ventre ne sont point encore alors contournées en lames de sabre, et sa tête et son cou sont entièrement couverts d'un fin duvet très-touffu, et les conques de ses oreilles paroissent à peine. Ce qui pourroit induire en erreur, et, dans cet état, le faire prendre, par quelques naturalistes

L'ORICOU.

turalistes peu exercés, pour un aigle, ou tout au moins pour un vautour d'une autre espèce; car il est toujours facile de distinguer un vautour d'un aigle à la forme seule des serres : caractère bien plus certain que celui d'avoir la tête nue; puisque tous les vautours, dans leur jeune âge, l'ont couverte tout au moins d'un duvet : aussi qui pourra distraire des nombreux ouvrages sur les oiseaux tous les jeunes vautours dont on a fait des aigles? malgré qu'il n'y ait cependant rien de plus facile que de distinguer un jeune oiseau d'avec un vieux; mais pour cela, je le répète, le premier coup-d'œil d'un homme exercé vaut mieux, sans contredit, que la vérification scrupuleuse de tous ces nombreux caractères, qui, la plupart du tems, n'existent que dans l'imagination de celui qui les a établi et conviennent rarement à deux espèces du même genre.

LE CHASSE-FIENTE, N°. 10.

INDÉPENDAMMENT du grand vautour décrit dans l'article précédent, on trouve encore dans toute la partie de l'Afrique que j'ai parcourue, un autre grand vautour, qui diffère totalement du premier, tant par les couleurs que par plusieurs caractères qui le feront distinguer facilement de l'autre espèce.

J'ai laissé à ce vautour le nom de Chasse-fiente, qui est la traduction littérale du nom hollandois *Stront-jager*, par lequel les colons du Cap de Bonne-Espérance désignent, en général, tous les vautours, et particulièrement celui de cet article, parce qu'il est le plus connu; l'oricou ne se trouvant que sur les confins des plantations européennes, où, comme je l'ai dit, il est appellé oiseau de charogne noir (*swarte-aas-vogel*).

Le Chasse-fiente est l'oiseau dont parle Kolbe, sous le même nom, et qu'il donne pour un aigle du Cap. On voit que Buffon, en rapportant ce prétendu aigle du Cap au genre des vautours, n'a pas été fondé cependant à le rapporter à l'espèce de l'urubu d'Amérique, et à conclure que l'urubu se trouvoit également en Amérique et en Afrique : conclusion d'autant plus hasardée, qu'il n'est encore rien moins que prouvé, qu'aucun des vautours du nouveau monde se trouve aussi dans l'ancien. Mais Buffon ne s'est pas contenté de cela seul ; il a de plus voulu nous indiquer précisément le passage entre le Brésil et la Guinée, où l'urubu a dû traverser la mer pour se rendre en Afrique. Si ce naturaliste s'étoit donné la peine de comparer l'urubu d'Amérique à la description de Kolbe, il se seroit facilement convaincu que le bec *gros et crochu* du *stront-vogel* ne pouvoit pas convenir à l'urubu, qui l'a, au contraire, long et si mince que les colons portuguais et espagnols lui ont donné le nom de *gallinaco-gallinaca*, et les Anglois celui de dindon-buse ; car, en effet, le bec de l'urubu ressemble plus à celui d'un dindon qu'à celui d'un vautour. Dumarchais, qui avoit bien remarqué la forme particulière du bec de cet oiseau de proie, dit, très-faussement, qu'il croit que c'est une espèce de dindon, qui s'est habituée à manger des corps morts et de la charogne. Voyez l'ourigourap, pl. XI de ce volume. Cet oiseau, qui est aussi un vautour, a le bec fait à peu près comme celui de l'urubu, sinon qu'il est plus alongé.

Il est heureux que le dessinateur ait du moins vu l'oiseau quand il l'a dessiné ; car il est passablement représenté dans les planches enluminées, N°. 187, sous le nom de vautour du Brésil (1). On ne

(1) On est étonné de voir que tous les oiseaux de Buffon, ou du moins presque tous, portent, dans les planches enluminées, des noms différens de ceux qu'ils ont dans les descriptions : ce qui prouve encore la manière dont cet ouvrage a été fait.

peut pas en dire autant de Buffon; car certainement il n'a pas même jeté un coup-d'œil sur la planche qui représente l'urubu; sans quoi il n'auroit pas commis l'erreur qu'il a faite. Mais malheureusement il est facile de se convaincre que tous ses rapprochémens ont été faits dans le même genre, c'est-à-dire, sans avoir ni vu ni comparé les espèces Il est encore bon de remarquer que le Chasse-fiente d'Afrique est plus de trois fois plus fort que l'urubu, étant seulement un peu moins grand que l'oricou.

Ses aîles ployées s'étendent presque jusqu'au bout de la queue. Ce caractère seul suffira pour le distinguer de l'oricou, dont les aîles dépassent la queue de plusieurs pouces. Il n'a pas non plus la tête et le cou nus comme ce dernier, mais couverts, comme le percnoptère et le vautour du N°. 426 de Buffon, d'un duvet fin et cotonneux.

Avant d'avoir comparé le Chasse-fiente avec ces deux oiseaux, je croyois devoir le rapporter à l'espèce du percnoptère;

mais la confrontation de ces trois oiseaux m'a fait voir que je m'étois trompé, et que le Chasse-fiente est une nouvelle espèce à ajouter à ces deux autres, qui, de tous les vautours décrits, ont le plus de ressemblance avec lui.

On ne pourra confondre le Chasse-fiente avec le percnoptère ; car le caractère qu'a ce dernier, d'avoir les aîles plus courtes et la queue plus longue que les aigles, ne convient nullement au premier; puisque ses aîles, au contraire, sont plus longues et sa queue plus courte : d'ailleurs, la tête est d'un bleu clair, et son cou n'est point couvert d'un duvet blanc, mais jaunâtre ; enfin, le Chasse-fiente n'a point la tache brune en forme de cœur, que le percnoptère porte sur la poitrine, et sa couleur est toute différente. Le Chasse-fiente ne peut pas non plus être considéré comme une variété du vautour du N°. 425 de Buffon : la seule inspection des deux figures suffira pour en convaincre ceux qui prendront la peine de les comparer ensemble.

La couleur générale du Chasse-fiente tire sur le fauve isabelle, et approche de celle qu'on nomme café au lait. Quelques-unes des petites couvertures des ailes sont marquées d'une teinte plus foncée, et les grandes pennes sont noirâtres. Il y a au bas du cou, par derrière, une espèce de fraise de plumes longues et éfillées, qui sont contournées par le frottement de la tête, que cet oiseau y cache en la rentrant dans ses épaules. Les plumes qui couvrent les jambes descendent un peu sur le tarse par devant. Les écailles larges qui couvrent les pieds et les doigts, sont brunâtres. Les ongles ont une couleur de corne noirâtre, ainsi que le bec. L'œil est d'un brun foncé. Le mâle et la femelle diffèrent peu l'un de l'autre; et j'ai toujours vu une très-petite différence dans leurs tailles; seulement le mâle est un peu moins fort; mais il s'en faut de beaucoup qu'il y ait cette grande disproportion qu'on remarque entre les deux sexes dans presque tous les autres oiseaux de proie.

Le Chasse-fiente se retire dans les rochers sur les plus hautes montagnes. Toute cette chaîne de monts entassés qui couvrent la pointe de l'Afrique, depuis la ville du Cap jusqu'à la baie Falso, en recelle une très-grande quantité. C'est de-là, qu'ils s'échappent pour se répandre sur toutes les habitations des environs, où ils trouvent en abondance de quoi satisfaire leur faim, parce que les terres du voisinage de la ville étant très-arides, sont peu propres à la nourriture des bestiaux, qui y périssent fort fréquemment faute de subsistance; aussi rencontre-t-on toujours sur les routes plusieurs bœufs morts qu'on a abandonnés sur les chemins; et il est fort heureux pour les habitans paresseux de ces contrées, que les vautours les délivrent de ces cadavres infects. J'ai vu ces oiseaux descendre jusqu'à l'entrée des boucheries pour se repaître des têtes et intestins des animaux qu'on y égorge, et qu'on a la mauvaise habitude de jetter devant la porte. Le Chasse-fiente fréquente aussi beaucoup les bords de la mer, où les habitans font porter toutes les vidanges des maisons. Ils y sont attirés de même par tout ce qui se jette des vaisseaux qui sont en rade, ainsi que par les coquilles, crabes et poissons morts que la mer vomit de son sein. C'est probablement cette abondance de nourriture, qui a si fort multiplié dans la colonie du Cap l'espèce du Chasse-fiente, qui y est beaucoup plus nombreuse que celle de l'oricou.

Je sais, par l'expérience que j'en ai faite, que le Chasse-fiente peut vivre long-tems sans prendre de nourriture; car en ayant pris deux en vie un jour qu'un grand vend de sud-est avoit abattu plusieurs de ces oiseaux dans les rues du Cap, je voulus les laisser mourir de faim, pour les faire maigrir; parce qu'en général ces oiseaux sont excessivement gras. Je les fis mettre, à cet effet, dans une grande cage à poulet, sans leur donner aucune nourriture. Au bout de quelque tems, j'en tuai un que je trouvai encore trop gras. Je laissai jeûner l'autre encore plusieurs jours; mais le voyant affoibli, et le croyant assez maigre, je le tuai : je fus fort étonné de le trouver encore trop gras quand je le préparai

Ce que j'ai dit des mœurs de l'oricou, convient parfaitement au Chasse-fiente, qui a les mêmes habitudes. Cette espèce est, comme je l'ai remarqué, infiniment plus multipliée que l'autre, quoique les femelles pondent le même nombre d'œufs; ceux du Chasse-fiente sont d'un blanc bleuâtre. Ces oiseaux étant d'une couleur plus apparente que celle de l'oricou, on les distingue mieux quand ils sont perchés sur les rochers à l'entrée de leurs retraites, où on les apperçoit comme autant de taches blanches. C'est un fort joli coup-d'œil que de voir une troupe de ces oiseaux qui couvrent entièrement toute une chaîne de monta-

LE CHASSE FIENTE.

gnes ; il suffit alors de leur tirer un coup de carabine à balle, pour les voir tous reprendre pesamment leur vol et tournoyer ensuite dans l'air.

Dans les déserts, où les vautours ne trouvent pas toujours des cadavres en abondance, ils se nourrissent de tout ce qu'ils peuvent rencontrer. J'en ai tué qui n'avoient dans le jabot que des morceaux d'écorce d'arbre, de la terre glaise, des os entiers où il n'y avoit pas la moindre chair après. Quelquefois leur jabot est rempli seulement de fiente d'animaux. Les Sauvages m'ont assuré que quand les vautours sont pressés par le besoin, ils dévorent réciproquement leurs petits, et même les leurs propres ; mais je n'ai jamais vérifié ce fait, ainsi je ne l'assure pas. Les tortues de terre et les buccins terrestres du Cap, qu'ils avalent en entier, sont pour eux une proie fort délicate ; ils se jettent aussi sur ces nuées de sauterelles, dont j'ai parlé dans mes voyages.

LE CHAUGOUN, N°. 11.

Je laisse à ce vautour le nom indien qu'il porte au Bengal, d'où je l'ai reçu. Il paroît probable que cette dénomination particulière a quelque rapport, ou avec quelqu'une de ses habitudes, ou avec ses couleurs ; car à cet égard les noms populaires sont toujours plus significatifs que ceux que, la plupart du tems, les savans appliquent aux divers animaux qu'ils veulent faire connoître : aussi me permettrai-je de laisser, autant que cela se pourra, aux animaux que je décrirai, les noms qu'on leur donne dans leur pays natal, ou du moins je les indiquerai toujours quand je croirai pouvoir leur en substituer un autre qui me paroîtra leur convenir autant dans notre langue. Je suis persuadé que cette méthode ne peut que faciliter beaucoup les progrès de l'histoire naturelle ; car sachant le nom que porte tel ou tel animal dans la contrée qu'il habite, il sera bien plus facile de se le procurer et d'en obtenir des détails intéressans que de le demander sous son nom scientifique et insignifiant. J'invite donc les voyageurs à nous conserver, autant que possible, les noms qu'on donne dans le pays, aux animaux qu'ils nous rapporteront. Je me garderai bien de faire la même prière à certains savans, qui, je ne sais par quel amour-propre, mettent, au contraire, une gloire infinie à paroître ignorer ces noms dans leur propre langue, et ne veulent absolument connoître que les objets qu'on leur désigne par un mot grec ou latin. Cette manie est même poussée si loin, qu'on en a vu s'arroger avec morgue le droit de reprendre celui qui, pour se faire comprendre, avoit osé employer un nom consacré par une tradition de plusieurs siècles, plutôt que de se servir d'un nom nouveau à peine connu depuis quelques années.

Le Chaugoun est un vautour d'une grandeur moyenne et n'est guère plus gros que celui connu sous le nom de roi des vautours. Pour en donner une idée précise, je dirai qu'il est à peu près de la taille d'un dindon femelle. Son bec est presqu'entièrement d'un noir de corne ; la mandibule supérieure étant seulement jaunâtre, dans la partie où elle se renfle. Les narines sont longues et placées en travers, elles occupent, pour ainsi dire, toute l'épaisseur de la base du bec, qui est entourée d'une peau noire. Le cou par devant est parsemé de quelques poils rares, qui laissent par-tout appercevoir la peau, qui m'a paru avoir été bleuâtre ; je dis m'a paru, car on sent combien il est difficile de savoir au juste, d'après une peau sechée, de quelle couleur elle étoit du vivant de l'animal. Le jabot, assez proéminent, est couvert de fines plumes soyeuses, d'un brun noir, qui est la teinte générale de toutes les plumes de cet oiseau. Cette couleur sombre et uniforme est un peu égayée par une ligne blanche longitudinale, qui marque le milieu juste de chacune des plumes qui couvrent tout le dessous de son corps. On remarque encore une large tache blanche de chaque côté de la poitrine, mais ces taches sont cachées quand l'oiseau a ses aîles dans l'état de repos. Les dedans des jambes sont couverts d'un duvet blanc qui garnit tout le dessous des plumes, et qui se remontre autour du jabot. La tête et le haut du cou par derrière, sont entièrement couverts d'une espèce de poils luisans d'un blanc sâle. Plus bas c'est un duvet cotonneux plus blanc, qui va se joindre à un large collier blanc. La queue et les grandes pennes des aîles sont noirâtres, les moyennes sont bordées extérieurement d'un brun roux. Les aîles ployées ne s'étendent pas plus loin que la queue, qui étoit usée vers le bout. Les ongles sont noirs et les pieds couverts d'écailles d'un gris terreux. J'ignore quelle étoit la couleur des yeux, n'ayant reçu aucune indication ni à cet égard, ni relativement aux mœurs de ce vautour. Le doigt du milieu est près du double plus long que ceux des côtés.

LE CHINCOU, N°. 12.

Nous devons la connoissance de ce grand et rare vautour, à la bonté du citoyen Ameshof, si renommé par son goût pour l'ornithologie et par la magnifique ménagerie qu'il possède à sa maison de campagne près d'Amsterdam. Cet amateur zélé s'est prêté avec toute la complaisance possible à ce que je prisse le dessin et la description de cet oiseau. Je lui faîs ici mes sincères remercîmens, pour la manière obligeante avec laquelle il a eu l'attention de me montrer les objets les plus rares et les plus curieux de sa ménagerie, laquelle m'a paru digne d'une grande nation (1).

(1) La Hollande renferme, dans sa petite étendue, peut-être plus d'amateurs de curiosités en tous les genres que le reste de l'Europe ensemble. En gé-

N'ayant pu savoir le nom que porte cet oiseau dans son pays natal, qui est la

---

néral, les Hollandois ont tous une passion décidée pour les productions de la nature et de l'art ; l'un a du goût pour les oiseaux, l'autre pour les coquilles, un troisième pour les fleurs, tandis qu'un quatrième amasse à grands frais les anciennes porcelaines ; il n'est pas même jusqu'au linge qui ne soit un objet de recherche pour les Hollandois ; tout, en un mot, excite l'attention des curieux Bataves. Les ménageries sont très-communes en Hollande, et plus encore les cabinets d'histoire naturelle. Je ne parle point de ceux de tableaux et de belles gravures, parce qu'ils sont assez connus. Je reviens au genre qui m'attache le plus, celui de l'histoire naturelle ; et je pense que c'est rendre à l'Europe entière un service que de lui donner quelques détails sur la ménagerie du citoyen Ameshof, ménagerie qui a causé mon admiration, autant par sa disposition générale que par les objets précieux qui l'enrichissent. Dans une très-grande enceinte entourée de treillages en fil de fer, et dans le milieu de laquelle il y a une longue pièce d'eau, se voit une prodigieuse quantité d'oiseaux aquatiques de tous les pays, parmi lesquels on remarque avec surprise de ces superbes sarcelles de la Chine, à éventail sur le dos (*voyez Buffon*, *planche* 805) ; le beau

Chine, à ce que m'a assuré le citoyen Ameshof, je lui ai donné celui de Chin-

---

canard bronchu de la Louisiane; le pélican; etc. Ce qui m'a le plus surpris, c'est la bonne intelligence qui régnoit entre toutes ces espèces différentes, qui, pour la plupart, pulluloient là comme dans leur pays natal; et qui plus est, croisoient leurs races avec d'autres espèces. Ce bassin seul peut offrir des observations pour la vie d'un naturaliste. Dans un autre vaste arrondissement, sont pratiquées, les unes à côté des autres, de grandes volières à jour. Chacune de ces loges contient un ou plusieurs oiseaux de la même espèce. Dans l'une de ces loges je vis le Chincou dont il est question; dans une autre, des hoccospierre; dans une autre encore, le hoccos ordinaire; dans une quatrième, le hoccos du Pérou. Non-seulement le citoyen Ameshof étoit parvenu à obtenir des jeunes de ces trois espèces d'oiseaux; mais il en avoit même fait croiser les espèces, et en avoit tiré des métis, qui étoient eux-mêmes féconds. Dans le même arrondissement, j'apperçus le roi des vautours, des demoiselles de Numidie, la grue d'Amérique, et deux espèces de grues des Indes, le phénicoptère, des courlis rouges, des pigeons couronnés des Indes, le secrétaire, l'autruche mâle et femelle, qui ont pondu chez lui; une très-belle espèce d'outarde

cou ; en attendant que nous apprenions celui sous lequel les Chinois le désignent,

---

d'Afrique ; l'agami, l'éperonier de la Chine, etc. Le jardin très-spacieux de cette campagne, offre, de distance en distance, des petites retraites de dix pieds en carré, fermées par un treillage ; chacune avoit un petit bassin d'eau dans le milieu et une loge pour servir de retraite aux oiseaux. Ici, on voyoit le mâle et la femelle du jacana ; là, c'étoit un couple de porphirions ; enfin, les oiseaux les plus jolis et les plus rares. Dans une basse-cour immense, il y a des volailles de toutes les espèces et des variétés innombrables, produites par le mélange de tous les oiseaux du même genre. La faisanderie est aussi très-considérable, et contient toutes les espèces connues de faisans, avec tous les métis provenus de ces différentes races croisées, tant de la Chine que des autres pays. On y remarque le marail, celui à tête blanche, l'oazin, etc. Parmi les pigeons, dont le nombre est exorbitant, j'ai admiré huit pigeons de Nicobar, au moins autant de pigeons verds de Ceilan, et plusieurs autres espèces très-rares des Indes. Dans des cages séparées étoient des perroquets et des perruches de toutes les espèces. Ensuite venoit la volière des petits oiseaux. Celle-ci étoit pratiquée près de la maison, et en faisoit même partie. C'étoit une pièce qui donnoit

et qu'on lui rendra si on le trouve meilleur que celui que je lui applique ici.

---

dans une salle par une grande croisée, d'où l'on pouvoit jouir de leur vue, et qui, en même tems, communiquoit dans une vaste volière en dehors. L'été tous les petits oiseaux sont lâchés dans cette volière qui se garnit d'arbrisseaux, où plusieurs d'entre eux font leurs petits, quoique dans un climat bien différent du leur. Pendant l'hiver les petits oiseaux restent renfermés dans la pièce où il y a un poële ; et tous les grands oiseaux rentrent dans des bâtimens faits exprès et chauffés à un degré convenable. Les fraix immenses que doit occasionner ce goût si dispendieux, est incalculable; vu que le citoyen Ameshof n'épargne rien pour augmenter sa ménagerie, et outre l'achat des animaux, dont l'entretien seul doit être exorbitant.

J'ai parlé de la superbe volière du citoyen Temminck, trésorier de la Compagnie des Indes. J'ai vu chez cet amateur les choses les plus précieuses; mais il n'aimoit que les petits oiseaux, dont il prénoit un soin si particulier, qu'il étoit aussi parvenu à faire pondre et couver beaucoup d'espèces; entre autres, le cardinal du Cap, celui de Madagascar, le calfat, le grenadin, le sénégali, le bengali, etc. Ces deux amateurs, qui peut-être ont poussé le plus loin l'art d'élever et de propager dans leur pays

Ce vautour, de la taille à peu près de celui d'Afrique, que j'ai nommé l'o-

---

froid, les oiseaux des contrées les plus chaudes, m'ont assuré que ce n'étoit pas tant la chaleur qu'une nourriture convenable qu'il falloit chercher à procurer aux oiseaux pour les faire produire dans nos climats. Et, en général, on doit rendre justice aux Hollandois à cet égard : aucune nation n'a poussé si loin l'art d'élever les oiseaux de basse-cour ; car nulle part on ne voit une aussi grande quantité des différentes volailles. Les jardins hollandois, pour leur production, sont des chefs-d'œuvre ; et cependant il n'est peut-être pas un climat plus ingrat que celui de Hollande pour la génération des animaux étrangers et des plantes exotiques ; mais ses industrieux habitans ont su, avec beaucoup d'art, forcer, pour ainsi dire, la nature. Aussi des hommes qui sont parvenus à enchaîner la mer, et à lui poser des bornes, ne pouvoient gémir long-tems sous le joug de l'esclavage.

La ménagerie de la citoyenne Baker, près de la Haye, est de même digne de l'admiration des voyageurs, Outre une grande quantité d'oiseaux de toute espèce, elle y entretient aussi beaucoup d'espèces de quadrupèdes. Le citoyen Boers possède également à Hasserwoude, près de Leyde, une charmante volière, où j'ai vu vivant, outre beaucoup

ricou, est caractérisé d'une manière particulière, qui donnera beaucoup de fa-

---

d'espèces rares, le jeai bleu de la Caroline, le mainatte, le cacatou bleu, le cacatou à huppe rouge, etc. Tout le monde a entendu parler de la superbe ménagerie de Blauw-Jan à Amsterdam, et de celle du prince d'Orange; mais quand je vis cette dernière elle étoit très-dépeuplée.

Les cabinets d'histoire naturelle qui tiennent le premier rang en Hollande sont d'abord, à la Haye, celui du prince d'Orange, où l'on remarque le squelette de la giraffe, le superbe coquillier de Lionet; à Amsterdam, ceux de Temminck et de Ray de Breukelewaard : ces deux cabinets réunis formeroient la plus belle collection de l'Europe. Outre les oiseaux, Ray possède une superbe collection de minéralogie; la plus belle suite et la plus nombreuse peut-être de l'Europe, en papillons et en insectes, une autre de coquilles et une autre enfin de madrepores. Il a aussi quelques quadrupèdes. A Amsterdam, se voit encore le cabinet très-nombreux d'oiseaux, de Holthuysen, qui possède aussi une grande et belle suite de papillons et d'insectes. Dans la même ville se trouve le cabinet de Meyer, en coquilles, et en animaux conservés dans de l'esprit de vin. Le cabinet de papillons et d'insectes de Stol; celui dans le même genre de Rhin-

cilité pour le distinguer de tous les vautours décrits jusqu'à ce jour. Sa tête est

---

gers, enfin, le cabinet de plantes et d'animaux à l'esprit de vin, de Burman, etc. etc. etc.

On admire à Harlem, le cabinet de la société : annoncer que le citoyen Van Marum en est le directeur et le professeur, c'est assez faire l'éloge de ce cabinet, riche en tous les genres.

A Leyde, la collection de l'université, où j'ai vu une jeune giraffe empaillée, et l'hippopotame. Il y a des objets assez rares dans ce cabinet; mais, en général, je n'y ai point remarqué l'esprit d'ordre, d'arrangement et sur-tout de propreté qui caractérise la nation batave.

A Hasserwoude, près de Leyde, se voit la belle collection de Boers, bailly du lieu. Outre un nombreux cabinet d'oiseaux, il possède une belle suite de quadrupèdes, où j'ai vu les animaux les plus extraordinaires et les plus rares. Sa collection contient aussi beaucoup de papillons et de coquilles.

A Rotterdam, j'ai admiré la jolie collection des citoyens Gevers Arntz. Elle n'est pas très-nombreuse; mais ce sont toutes pièces choisies et des plus rares. On y voit aussi une belle suite des papillons et d'insectes. L'un de ces deux amateurs possède le talent de peindre supérieurement bien les oiseaux,

surmontée

surmontée par derrière d'une touffe de duvet d'un gris brun, dont la forme est précisément celle des houpes de cigne dont se servent nos dames à leur toilette. La tête, les joues et la gorge sont couvertes d'un fin duvet noir. L'œil est cerclé d'une paupière blanche. Le cou est entouré d'un collier de plumes longues éfilées et détachées entre elles. Toute la partie nue du cou, qui se trouve entre le collier et le duvet noir

---

son porte-feuille dans ce genre est admirable pour les attitudes gracieuses qu'il a su donner à chaque oiseau et par le coloris qui est vraiment celui de la nature. J'ai les plus grandes obligations à la plupart de ces amateurs, qui ont eu la bonté de me permettre de prendre des dessins et des descriptions des morceaux rares de leurs cabinets. Le public leur saura gré, sans doute, de leur complaisance, puisque c'est elle qui m'a mis à même de le faire jouir à mon tour de tous ces objets précieux. J'indiquerai toujours les cabinets dont j'ai tiré les pièces que j'aurai à décrire, et on peut être certain qu'il n'en est point que je n'aie bien vu et bien examiné; ainsi leur existence ne sera pas douteuse.

du visage, est d'un blanc mat. On diroit une cravatte blanche, garnie au bas d'une fraise; par devant le reste du cou n'a point de plumes, et la couleur de cette peau, qui est toute plissée, est bleuâtre. Le jabot est très-proéminent; quand il est plein on le prendroit pour une vessie que l'oiseau porte au bas du cou. Vuidé il se ride et disparoît entièrement sous de longues plumes qui partent de chaque côté du cou et sont ramenées naturellement par devant. Les pieds et les doigts sont blanchâtres; les ongles couleur de corne, ainsi que le bout du bec, dont la base est d'un blanc bleuâtre. Le bec à son origine est assez épais; mais il diminue insensiblement de grosseur jusque la pointe.

Quand cet oiseau est repu et qu'il digère, il rentre entièrement sa tête dans les épaules. Son bec pose alors, dans toute sa longueur, sur le jabot. Toutes les parties nues du cou ne paroissent plus; sa cravatte lui entoure la tête, et ses aîles, qui sont pendantes, lui cachent des pieds. Toutes ses plumes sont si hérissées que, dans cette attitude, on le prendroit plutôt pour une masse informe emplumée, que pour un oiseau.

La couleur générale du Chincou est un brun uniforme, plus noirâtre sur les pennes des ailes et de la queue, et au ventre. On le nourrissoit de viande crue qu'il dévoroit avec avidité. Il m'a paru méchant et sauvage. J'aurois désiré pénétrer dans sa loge pour mesurer son envergure qui me sembloit excessive; mais on me le déconseilla. En revanche, nous le harcelâmes en passant nos cannes à travers le treillage de sa volière, après lequel il se cramponnoit alors, en étendant ses ailes de toute leur longueur. A en juger par les dimensions du panneau sur lequel il les frappoit, elles avoient au moins neuf pieds d'étendue. Tranquille et perché, jamais cet oiseau n'avoit ses ailes colées au corps, mais négligemment pendantes, comme il est représenté dans notre planche.

Le citoyen Ameshof n'a pu rien m'apprendre de particulier sur les mœurs de cet oiseau, qu'on me saura gré, je pense, de livrer à la curiosité des amateurs d'histoire naturelle. Le tems nous apprendra peut-être quelles sont ses habitudes et sa manière de vivre.

LE CHINCOU.

LE ROI DES VAUTOURS, N°. 13.

L'OISEAU que j'ai fait représenter dans la planche 13 n'est qu'une variété d'âge ou de sexe du vautour connu sous le nom de Roi des vautours, décrit par Buffon, Brisson, Edward, etc.; qui tous en ont donné une assez bonne représentation. L'individu dont nous parlons est venu de Cayenne avec une collection très-considérable d'autres oiseaux du même pays. Il y avoit dans le même envoi un autre Roi des vautours de la même espèce et absolument semblable à celui déja connu et figuré dans les planches enluminées de Buffon, N°. 428, sous le faux nom d'urubu. Celui-ci étoit indiqué comme étant le mâle ; quant à l'autre, dont nous parlons, il étoit désigné pour être la femelle, et étoit moins fort dans toutes ses dimensions. Je me garderai cependant bien d'assurer, d'après l'indication, que celle-ci fut réelement une femelle; mais très-certainement c'est tout au moins une variété d'âge de la même espèce, et dans ce cas il est probable que, dans sa première jeunesse, le plumage du Roi des vautours est entièrement noirâtre, comme le sont les larges taches qu'on apperçoit sur les petites couvertures des ailes, sur les scapulaires et sur tout le manteau en général. Dans cet état, il n'est pas douteux que cet oiseau a été tué au moment où, prêt à prendre la livrée de l'âge fait, il porte encore quelques indices de celui de l'enfance, ainsi qu'on l'observe généralement à tous les oiseaux qui changent de couleur dans leurs différens âges, comme cela arrive à presque tous les oiseaux carnivores; soit aussi quant ils en changent plus regulièrement dans chaque saison, comme on peut le remarquer à toutes les espèces de sucriers, colibris, grimpéreaux, veuves, etc.

J'ai examiné très-attentivement cette

variété du Roi des vautours, dont j'ai eu occasion de voir deux individus absolument pareils : l'un dans ma collection et l'autre dans le superbe cabinet du citoyen Raye de Breukelerwaard, à Amsterdam. Leurs plumages à tous deux étoient absolument les mêmes pour les couleurs ; seulement les taches noires plus ou moins grandes étoient différemment distribuées. Cette irrégularité m'a convaincu encore davantage que ces oiseaux étoient dans leur jeune âge ; d'ailleurs, ils portoient aussi d'autres caractères qui indiquoient leur jeunesse ; ce qui est très-facile à reconnoître, soit par un duvet cotonneux très-abondant et à une espèce de poussière qui poudre les plumes, soit encore à quelques brins chevelus qui, dans les environs de la tête, s'hérissent par dessus les plumes et qui les débordent.

La méthode qu'avoit adoptée Buffon de rapporter toutes les espèces d'oiseaux, dont il parloit, à celles dont les voyageurs ont fait mention, lui à fait croire, sans aucun fondement, que le cosquauhtli ou aura des Mexicains, décrit par Fernandès, Nieremberg et Delaet, étoit de la même espèce que son Roi des vautours. Cependant la description du cosquauhtli ne convient évidemment point à cet oiseau ; de sorte qu'on ne conçoit pas comment Buffon a pu s'y méprendre, et nous rapporter encore cette description tout au long, comme s'il avoit voulu nous prouver d'une manière plus convaincante qu'il étoit dans l'erreur. Il est certain « qu'un oiseau de la taille « d'une poule d'Egypte, et dont toutes « les plumes sont noires, à l'exception du « cou et de la poitrine, où elles sont d'un « noir rougissant, et dont les ailes noires « sont mêlées et cendrées de pourpre et « de fauve, qui a les yeux noirs, les « prunelles fauves ; le front d'un rouge « de sang rempli de rides, qu'il fronce « et ouvre comme le coq d'Inde, et où « il y a quelques poils crepus comme « ceux des Nègres, etc. etc. » n'est point le Roi des vautours. Quant au bec,

« semblable à celui des perroquets, aux « ongles crochus, aux narines ouver- « tes : » cela appartient non-seulement à tous les oiseaux de proie, mais encore à beaucoup d'autres. Je crois donc inutile d'analyser cette description du cosquauhtli, pour prouver au lecteur qu'elle ne convient absolument point au Roi des vautours, qui est d'abord au moins du double plus grand que la poule d'Egypte; par conséquent, Buffon n'a pas pu raisonnablement être autorisé à confondre ces deux oiseaux. Ces rapprochemens, faits d'après les indications données par les voyageurs et dont on n'a pas vu les individus, sont plutôt propres à reculer nos connoissances qu'à les avancer d'un seul pas.

Cette variété d'âge, dont j'ai donné la figure, ne diffère absolument du Roi des vautours adulte que par les taches d'un brun noir qu'il porte sur tout le corps. Du reste, il a absolument les mêmes caractères et le plumage de la même couleur. Sa tête et une partie de son cou sont pareillement nus et peints de riches couleurs.

L'OURIGOURAP, No. 14.

VOICI un oiseau que je place à la suite des vautours, parce qu'il a infiniment plus d'analogie avec eux qu'avec tout autre genre, du moins par ses mœurs; car par la forme de son bec, il diffère beaucoup des vautours et même de tous les oiseaux de proie en général. Il me paroît que nous devons faire une section dans le genre des vautours pour ceux qui, comme celui-ci et l'urubu (1) d'Amérique, ont le bec mince, foible et prolongé en avant. Quoique l'Ourigourap soit plus fort que l'urubu, son bec est cependant moins gros, mais plus long que le sien. Ce bec, peu proportionné

(1) Voyez les planches enluminées de Buffon, No. 187, sous le nom de vautour du Brésil.

à la grandeur de l'individu, du moins par comparaison à la force de celui des autres vautours, est recouvert dans les deux tiers de sa longueur d'une peau nue de couleur orange; les narines sont placées en long dans le milieu de cet espace ; le bout du bec se courbe sans aucun cran, et ce bout seul est d'une matière cornée comme celui de tous les autres oiseaux. *Ouri-gourap* est le nom que les grands Namaquois donnent à cet oiseau ; dans la colonie du Cap, les Hottentots le nomment *hou-goop*, et les colons européens *witte-kray ;* noms qui, dans les trois langues, signifient corbeau blanc.

Quoique cet oiseau ne soit réellement point un corbeau, il est très-certain qu'il en a cependant toutes les allures et tous les mouvemens. Il marche exactement comme lui ; son vol est aussi pareil au sien, et il vit comme lui de tout ce qu'il peut trouver. On ne rencontre pas une seule horde de Sauvages où il n'y ait une couple de ces oiseaux qui y sont fixés. Ils se perchent sur quelques buissons dans les environs, ou sur les haies qui bordent les parcs des bestiaux. Ils sont, pour ainsi dire, domiciliés dans l'endroit, et sont peu farouches, les Sauvages ne leur faisant jamais aucun mal; au contraire, ils les voient avec plaisir, parce qu'ils purgent leurs enceintes de toutes les immondices et ordures qui s'y trouvent toujours.

Les Ourigouraps ne vivent point en troupes, comme les vautours et les corbeaux. Cependant, quand ils sont attirés par quelques cadavres, on les trouve quelquefois au nombre de huit à dix réunis; mais dans d'autres momens il est rare d'en voir plus de deux ensemble. Le mâle et la femelle ne se quittent jamais; ils construisent leur nid dans les rochers. Les Hottentots m'ont assuré que la ponte étoit de trois et quelquefois de quatre œufs; ce que je n'ai jamais pu vérifier.

J'ai trouvé l'Ourigourap dans les landes stériles du Karow et du Camdeboo;

je l'ai vu aussi dans le pays d'Autenîquoi, mais très-rarement, ainsi que dans les environs du Cap. En revanche, il est fort commun chez les Petits Namaquois, et particulièrement sur les bords de la rivière d'Orange, et chez les Grands Namaquois.

Ces oiseaux sont peu farouches, et se laissent approcher facilement par le chasseur; mais il faut les tirer avec du très-gros plomb pour les faire tomber sur le coup. J'étois presque toujours obligé de les faire suivre après les avoir blessés, parce qu'ils alloient mourir quelquefois fort loin du lieu où je les avois tirés. Je n'ai pas campé une seule fois chez les Namaquois que je n'aie été visité, tout le long du jour, par ces oiseaux. Il m'arrivoit de tirer plusieurs fois sur le même, et de le blesser vigoureusement, sans que cela le rebutât; car il revenoit toujours à la charge pour nous dérober la viande que nous faisions sécher ou fumer en plein air. Faute de chair, l'Ourigourap se nourrit de lézards et de petits serpens; il ne rebute même pas les vers de terre et les insectes qui recherchent la fiente des bestiaux. Enfin, il s'accommode de tout, et je ne lui ai quelquefois trouvé dans le jabot que des excrémens de bœufs ou d'autres animaux.

L'Ourigourap est plus fort que nos plus grandes buses. Sa queue est toujours usée par le bout; ce qui provient du frottement qu'éprouve cette partie dans les différens mouvemens de l'oiseau, qui se pose souvent à terre, et qui se retire tous les soirs dans les rochers pour y passer la nuit.

Il est indubitable que l'Ourigourap des Hottentots est le même oiseau que le petit vautour de Buffon (1), et le vautour à tête blanche de Brisson. J'ai cru pouvoir changer ces deux noms, parce que premièrement celui de petit vautour ne

---

(1) Voyez les planches enluminées, N°. 449, où cet oiseau est très-mal figuré, sous le nom de vautour de Norwège.

lui convient point ; puisqu'il y a des vautours encore plus petits. Celui de vautour à tête blanche est très-impropre ; car, en effet, sa tête n'est pas blanche, comme on peut le voir. Je crois faire plaisir en donnant une figure parfaite de l'Ourigourap, puisque, dans les planches enluminées de Buffon, cet oiseau est très-mal rendu, tant pour la forme que pour les couleurs ; et il est encore à remarquer que la description du petit vautour de Buffon ne s'accorde nullement avec la figure enluminée ; ce qui est fort ordinaire chez lui, comme il est facile de le vérifier.

Il doit paroître plus qu'étonnant que Buffon, en parlant de son petit vautour, ou vautour de Norwège, qui est l'Ourigourap des Hottentots, n'ait point fait mention de la forme singulière du bec de cet oiseau ; et qu'ensuite ne reconnoissant point le sacre égyptien de Belon (1), qui est très-certainement

(1) Belon, *Histoire des oiseaux*, pag. 110.

encore le même oiseau, il nous dise que ce sacre égyptien est un oiseau d'un autre genre, qu'il faut séparer des vautours. Comment Buffon, qui s'est aperçu, par la seule description de Belon, que cet oiseau appartenoit à un autre genre, n'a-t-il pas remarqué que son petit vautour et son urubu avoient absolument le même bec; et, en effet, diffèrent de tous les autres vautours et même de tous les autres oiseaux de proie connus? Je dois encore conclure de là qu'en parlant du petit vautour ou vautour de Norwège, Buffon ne l'a point examiné, et que peut-être il ne l'a même pas vu; quoique cet oiseau soit au cabinet national, où je l'ai vu et comparé attentivement à l'Ourigourap. Je suis donc convaincu que ce vautour de Norwège du cabinet national, qui est le même individu qui a servi pour le dessin des planches enluminées, N°. 449, est de la même espèce que l'Ourigourap du Cap de Bonne-Espérance. S'il est par conséquent vrai que l'oiseau du cabinet national est venu de Norwège, il est certain que l'Ourigourap se trouve et en Afrique et dans quelques parties de l'Europe. Il habite probablement presque toute l'Afrique méridionale, puisque je l'ai vu depuis le Cap jusque vers le tropique, où il étoit infiniment plus commun qu'ailleurs.

Si, comme le dit Buffon, l'achbobba, que le docteur Shaw a vu en Egypte, est le même oiseau que le sacre d'Egypte de Belon, ce que je ne déciderai pas, d'après la courte notice qu'en donne Shaw; il me paroît au moins certain que le éperviers que Paul Lucas a remarqués aussi en Egypte, ne sont pas, comme il le prétend encore, de la même espèce; car, suivant Paul Lucas, ces éperviers sont de la taille d'un corbeau, et ont la tête d'un vautour, avec les plumes du faucon. Il suffit de jeter un coup d'œil sur la planche enluminée No. 14, pour voir que l'Ourigourap (qui, comme je l'ai dit, est le même oiseau que le sacre d'Egypte de Belon, le petit vautour décrit par Buffon; ou le vautour de Norwège de ses planches enluminées, et enfin le vautour à tête blanche de Brisson) n'a aucune plume qui ait quelque rapport avec celles des faucons; et qu'en outre la taille de ces éperviers est encore très-différente; car l'Ourigourap est beaucoup plus fort qu'un corbeau, puisqu'il approche de la taille d'un dindon femelle.

Le front, le tour des yeux et les joues jusqu'aux oreilles, sont nus dans l'Ourigourap et d'une couleur safranée. Cette couleur est plus vive dans la partie du bec où sont placées les narines; la gorge est couverte d'un fin duvet rare, qui laisse appercevoir la peau, qui est jaunâtre, ridée et capable d'une grande extension. Le haut de la tête et tout le cou sont couverts de plumes longues, effilées et détachées entre elles en brins désunis, sur-tout par derrière et sur les côtés.

La couleur générale de cet oiseau est d'un blanc sali de fauve, principalement sur la partie supérieure du corps, et sur les scapulaires ; les grandes pennes sont noires, les moyennes sont d'une couleur fauve dans leurs parties extérieures et noirâtres dans celles qui se trouvent cachées lorsque l'aile est ployée. La queue est d'un blanc-roux ; elle est étagée, les plumes du milieu étant les plus longues et les autres devenant successivement plus courtes ; de sorte que la dernière de chaque côté est la plus courte de toutes. Le bout du bec et les ongles sont noirâtres ; les pieds ont une couleur brun-jaune ; le jabot proéminent, et qu'on apperçoit beaucoup quand il est plein, est nu, et d'une couleur jaune safrané.

Dans cette espèce, la femelle diffère du mâle en ce qu'elle est un peu plus forte, et que la couleur de la base de son bec et de sa tête est moins rougeâtre et tire davantage sur le jaune. Dans son jeune âge, l'Ourigourap a toute la partie nue de la tête et de la gorge, couverte d'un duvet grisâtre, et dans les

L'OURIGOURAP.

mois de novembre, décembre et janvier, qui est le tems des amours, la couleur du bec du mâle est plus rouge que dans le reste de l'année.

LE BACHA, N°. 15.

L'OISEAU de proie que j'ai nommé Bacha ne fréquente que les hautes montagnes stériles et brûlées du pays le plus reculé des Grands Namaquois, et de là vers le tropique du Capricorne, seule partie de l'Afrique méridionale où je l'ai rencontré et où il est même peu commun. Cet oiseau se perche toujours sur le sommet de quelques roches escarpées, d'où il peut guéter et découvrir le plus facilement un petit quadrupède très-abondant sur toutes les montagnes de ce pays aride, savoir, le *klipdas* des colons du Cap (1) ; et malgré que d'autres oiseaux de proie chassent aussi ces animaux, il est certain que celui dont il est question en prend infiniment plus ; enfin, c'est sa chasse habituelle et sa nourriture de préférence. Il est

(1) Cet animal est une espèce de daman.

vrai que les damans, qui sont très-subtils, et toujours en garde contre un ennemi aussi cruel, quittent, dans ces circonstances, rarement le bord de leur antre profond, où ils sont bientôt enfoncés, dès qu'ils apperçoivent leur ennemi, et par-là forcent souvent l'oiseau de proie à chasser de plus petits individus; trop heureux alors de se rabattre sur quelques lézards et sur des insectes, qu'il ne dédaigne même pas dans les cruels instans de disette.

J'ai vu le Bacha, pour surprendre un daman, passer souvent trois heures de suite sur une pointe de roche, ayant la tête enfoncée dans ses épaules, et y rester si immobile qu'on l'auroit pris facilement pour être une partie même de la roche sur laquelle il étoit posé. C'est de cette embuscade que, saisissant un instant favorable, l'oiseau chasseur se plonge comme un trait sur l'animal qu'il apperçoit au bas du rocher sur le bord de son trou. Quand il a manqué son coup, on le voit tristement retourner à la même place où il étoit aux aguets ; et là, comme s'il étoit confus de sa mal-adresse, il laisse échapper plusieurs cris lamentables, qu'on peut rendre par *honi-hī—honi-hi-hi—honi-hī—honi hi-hi*. Ces tristes accens semblent peindre ses regrets et sa colère ; mais un instant après, quittant cette première embuscade, il va loin de là s'établir dans un autre poste, où il se fixe, avec la même patience et la même immobilité, jusqu'au moment où, plus heureux ou moins mal-adroit, il a réussi à se saisir d'un de ces animaux, qu'on entend à son tour faire des cris affreux, qui jetent tellement l'effroi parmi tous les damans du voisinage, qu'on les voit alors partout se précipitant dans leurs vastes souterrains, pour n'en sortir de la journée.

Etant quelquefois moi-même à la chasse du daman, dans ces cantons stériles, où, manquant de vivres, nous étions obligés de les tuer pour nous en nourrir, si, par hasard, un Bacha se saisissoit d'un daman dans les environs de notre

notre chasse, il étoit inutile de s'attendre, de plus de trois à quatre heures, à en voir venir un seul sur le bord de leurs demeures, tant les cris de celui qui avoit été saisi imprimoient de terreur à tous ceux du canton ; et pour en voir d'autres, il falloit absolument s'éloigner assez pour arriver dans les endroits où les cris du malheureux patient n'eussent point été entendus.

Aussitôt que le daman est saisi, l'oiseau l'emporte vivant sur une plate-forme voisine, et là semble jouir du plaisir de déchirer le flanc de cet animal, qui est déja moitié dévoré qu'on entend encore ses cris douloureux. A voir cet oiseau de proie dépécer et déchirer le daman, on le croiroit plutôt animé par la colère et la vengeance que commandé par la faim.

On peut remarquer sur les roches, teintes de sang, toutes les places où cet oiseau cruel et sanguinaire a immolé une victime; au reste, ce caractère féroce du Bacha est bien analogue au sol ingrat et stérile où la nature semble l'avoir fixé et condamné à vivre. Je ne l'ai jamais vu dans les cantons rians et fertiles que j'ai parcourus dans mon premier voyage. Des habitudes aussi sauvages annoncent un oiseau fait, comme l'aigle et tous les êtres cruels, pour vivre isolé; aussi le Bacha vit toujours seul, jusqu'au moment où la nature semble commander si puissamment à tous les êtres, même les moins faits pour la société, de se réunir pour multiplier leur espèce. C'est donc dans ce seul tems que le besoin de se reproduire force le mâle à rechercher une femelle, qu'il s'associe seulement pour passer ensemble la saison des amours, qui ne commence, pour ces oiseaux, qu'en décembre, et ne dure que le tems nécessaire au développement de deux ou trois petits, qui naissent dans une caverne profonde parmi les rochers, et qui n'ont eu pour berceau qu'un amas de branches sèches, surmonté d'un lit de mousse et de feuilles mortes, entassées sans ordre et sans beaucoup d'arrangement.

Le Bacha est de la taille de notre buse d'Europe, oiseau auquel il ressemble assez, quant à sa configuration générale; mais auquel il diffère beaucoup dans le détail, tant par ses caractères que par ses mœurs; il est aussi plus leste, moins massif et plus allongé, taillé mieux, enfin, pour la chasse. Il se caractérise par une touffe de plumes longues qui dépassent par derrière les autres de la tête. L'oiseau étale cette espèce de huppe horisontalement, comme une queue arrondie. Le bout de chacune des plumes de cette huppe est noir, et du reste elles sont entièrement blanches. Le sommet de la tête est couvert de plumes noires à leur pointes et blanches intérieurement; mais le blanc, qui s'apperçoit dans plusieurs endroits, égaie un peu le plumage monotone de cet oiseau, dont la couleur est généralement par-tout d'un un brun terreux, plus foncé sur les aîles et la queue, et plus lavé dans les parties du dessous du corps. Depuis la poitrine jusqu'aux jambes, toutes les plumes sont parsemées de plusieurs taches blanches, à peu près rondes; pareilles taches se voyent sur l'épaule de l'aîle. Les recouvremens du dessous de la queue et le bas-ventre sont rayés de blanc et de brun, et les couvertures des aîles sont terminées de blanc; la queue porte une large bande d'un blanc fauve, et toutes ses pennes sont lisérées de blanc à leurs pointes. Le bec est couleur de plomb; sa base est jaune, ainsi que la peau, presque nue, du tour de l'œil. Les pieds, les doigts et les serres, sont noirâtres; l'iris est d'un brun-rouge foncé.

La femelle est plus forte que le mâle; ses taches blanches sont moins apparentes et plus salies de fauve. Je n'ai vu que sept individus de cette espèce; des sept je n'ai pu parvenir à en tuer que quatre, deux mâles et deux femelles. Il ne m'est jamais ar-

LE BACHA

rivé de trouver ces oiseaux dans la plaine; et souvent je les ai entendu sans les voir. Au reste, ils sont très-farouches et fort difficiles à approcher.

LE ROUNOIR, N°. 16.

Le Rounoir et le rougri sont, en Afrique, les représentans de notre buse; ainsi que le grenouillard et le parasite y sont ceux du busard et du milan. Ces espèces étrangères, réellement distinctes des nôtres, habitent cette partie du monde à leur exclusion et à leur défaut, et les remplacent dans les fonctions que l'ordre général de la nature a départi à ces sortes d'oiseaux de proie. Les busards et les milans, libres et sauvages, vivant sur des terrains abandonnés aux eaux, et dans des lieux affranchis du domaine de l'homme, n'ont avec nous aucune relation d'utilité. Les buses, au contraire, sont amenées auprès de nos habitations et dans nos cultures, par l'appat de petits animaux qui se multiplient auprès de nous avec les végétaux que nous semons et receuillons pour notre usage ; le service que les buses nous rendent en détruisant les souris, les taupes, les rats et les autres quadrupèdes proscrits par l'agriculture, exige que nous accordions à ces oiseaux sauve-garde et sûreté, seule reconnoissance que la liberté puisse admettre ; nous devons même les défendre contre l'intérêt particulier, et leur accorder la protection des loix. C'est ainsi que de nos jours on protège la cigogne en Espagne et en Hollande, le merle couleur de rose en Barbarie, et le martin dans l'Inde ; mais il est important sur-tout d'accorder toute faveur aux animaux utiles, dans les lieux où les hommes commencent à établir des cultures sociales, sur des terres encore à demi-sauvages, et dans des climats où la nature, encore vierge, se refuse à des semences inaccoutumées. C'est d'après ces principes que le Rounoir trouve toute sûreté auprès des colons du Cap de Bonne-Espérance ; par qui il est désigné sous le nom de *Jakals-vogel* (oiseau jacal), par rapport à son cri qui imite celui de ce renard d'Afrique : on lui donne aussi celui de *Rotte-vanger* (preneur de rats). On trouve cette buse autour de presque toutes les habitations ; elle y est familière, et, pour ainsi dire, domestique ; elle passe le jour dans les terres labourées, et se tient perchée sur la motte la plus élevée ou sur quelque buisson, s'il s'en trouve dans le champ ; c'est de là qu'elle guète tous les petits quadrupèdes qui lui servent de pâture. Quand la nuit approche, elle revient se percher auprès de la maison, sur les arbres ou sur les haies qui entourent le parc où on enferme les bestiaux. C'est sur les arbres ou au milieu des buissons les plus épais qu'elle fait son nid, qui est composé de menu bois et de mousse, et qu'elle garnit très-douillettement de laine et de plumes. La ponte n'est que de trois œufs, rarement de quatre, et quelquefois de deux seulement ; et, comme on ne fait aucun mal à la nichée, malgré cette ponte peu copieuse, l'espèce de cet oiseau est très-multipliée.

Indépendamment des terres de la Colonie, le Rounoir habite aussi toute la partie de l'Afrique que j'ai parcourue, et je l'ai vu sur-tout dans le voisinage des hordes de Sauvages. Cet oiseau, qui se laisse facilement approcher par l'homme, est cependant d'un naturel foible et craintif, et si lâche que la pie-grièche, que j'ai nommée le fiscal, lui donne la chasse et le met en fuite.

Le Rounoir est de la taille de notre buse, quant à la grosseur; mais elle est plus ramassée; sa queue est aussi moins longue. Ses ailes ployées s'étendent presque au bout de la queue, qui est coupée carrément.

Le nom que j'ai donné à cet oiseau peint ses principales couleurs, qui sont le roux et le noir-brun; cette dernière domine sur la tête, le cou et le manteau. La gorge est égayée par un mélange de blanc, qui prend une teinte roussâtre, à mesure qu'il s'approche de la poitrine, qui est entièrement d'un roux ferrugineux, flambé de quelques traits noirâtres. Le dessous du corps est varié de noir et d'un blanc sale ; les couvertures du dessous de la queue sont noires, mêlées de roux. Les grandes pennes de l'aîle sont noirâtres, avec des bandes d'une couleur plus claire vers leur origine ; leurs barbes intérieures sont blanchâtres ; les autres pennes sont noirâtres par le bout, et comme marbrées dans leurs barbes extérieures, et dans toute la partie cachée quand l'aîle est en repos: elles sont de plus rayées transversalement de blanc et de noirâtre. Toute la queue est en dessus d'un roux foncé, avec une tache noire vers le bout de chaque plume; les deux extérieures seules ont des bandes noirâtres : en dessous, elle est d'un gris roussâtre. La base du bec, les pieds et les doigts sont d'un jaune terne ; le bec et les serres sont presque noires. L'œil, qui est très-grand, est d'un brun foncé.

Le mâle et la femelle du Rounoir se trouvent presque toujours l'un avec l'autre et ne se quittent que très-rarement. Le soir, avant de venir se percher pour passer la nuit, on les voit ensemble tournoyer en l'air, à peu d'élevation : c'est dans ce moment sur-tout qu'ils font entendre ces cris aigus et rauques qui leur ont fait donner, par les habitans, le nom d'oiseau jacal. Le mâle est moins fort dans toutes ses dimensions ; son noir est moins lavé, et le roux de sa poitrine plus foncé et plus mélangé de flammes noires.

LE ROUGRI, No. 17.

Les mêmes raisons qui m'ont engagé à nommer la buse précédente rounoir, m'ont déterminé à donner à celle de cet article le nom de Rougri, parce qu'il nous peint d'un seul mot les deux principales couleurs du plumage de cet oiseau, qu'un roux ferrugineux, plus ou moins foncé, teint par-tout en général, à l'exception pourtant des grandes pennes de l'aîle, dont la couleur est noire, et des plumes du cou par devant, ainsi que la poitrine et les couvertures du dessous de la queue qui sont d'un gris blanchâtre : la queue elle-même qui, en dessus, est entièrement rousse, porte, par dessous, cette même teinte de gris, rayée par quelques bandes transversales peu apparentes. Le roux du ventre est plus clair que celui du manteau ; il est aussi flambé de quelques traits noirâtres. Le bec et les pieds sont d'un beau jaune citron; les ongles sont noires; l'œil est d'une couleur rougeâtre.

Cette buse est sédentaire comme la précédente; on pourroit la regarder, en la comparant au rounoir, comme la buse sauvage du Cap, et la première comme la buse domestique. Il est même probable que le Rougri, étant plus petit et moins fort que le rounoir, l'espèce aura été contrainte d'abandonner les terres cultivées de la Colonie, dont se seront emparés ces derniers, qui, par le puissant droit du plus fort, les en auront peu à peu chassés entièrement; les Rougris, qui, comme tous les êtres qui tiennent de plus près à la nature, étant plus timides et moins méchans, auront été contraints de faire ce que font encore tous les jours les hommes sauvages de ces contrées, qui, pour éviter les cruautés des Blancs, et même de leurs concitoyens civilisés, se reculent de plus en plus dans les déserts, et diminuent leur population à mesure que celle de leurs persécuteurs semble s'augmenter. C'est par la même raison sans doute que le Rougri se trouve si rarement dans la Colonie, où il ne fréquente même que les cantons arides et abandonnés.

Quoique la ponte du Rougri soit aussi de trois et quelquefois de quatre œufs, l'espèce en est cependant beaucoup plus rare et moins nombreuse que celle du rounoir. Cet oiseau vit de taupes, de rats, de souris et même d'insectes ; et son cri approche beaucoup de celui de notre buse d'Europe.

En comparant le Rougri au rounoir, on le trouve plus allongé et moins trapu ; sa queue est aussi plus longue et son bec visiblement plus foible. Moins accoutumé à la société de l'homme, il est plus craintif et se laisse difficilement approcher. Dans cette espèce, la femelle est un peu plus forte que son mâle, et lui ressemble totalement, à l'exception de la teinte de son plumage, qui est d'un roux plus foible. Le mâle et la femelle ne se séparent que rarement ; et c'est

LE ROUGRI.

dans les buissons qu'ils construisent leur nid, qui est composé des mêmes matières que celui du rounoir.

LA BUSE GANTÉE, No. 18.

CETTE buse porte un caractère facile à saisir, et qui la distingue des autres buses africaines : elle est gantée, c'est-à-dire, que son tarse est entièrement couvert de plumes qui descendent jusque sur les doigts. Ses culottes, très-amples, pendent si bas qu'elles touchent l'ongle postérieur et le dépassent même souvent. Cette espèce a tant de rapport avec un oiseau de proie du même genre, qui n'a point été décrit encore, et qui se rencontre pourtant assez communément dans la Lorraine, que je suis tenté de croire qu'ils ne font, l'un et l'autre, qu'une seule et même espèce ; car ils ont effectivement les mêmes caractères, et diffèrent simplement par les couleurs plus ou moins variées de blanc ; différence qui n'est pas, à beaucoup près, suffisante pour les séparer; d'autant plus que les buses varient généralement beaucoup en Europe, et tellement même qu'il est très-difficile d'y en rencontrer deux dont le plumage soit entièrement semblable pour les couleurs.

La Buse gantée fréquente, en Afrique, les pays couverts d'arbres; plus farouche que les autres espèces, elle a fui les cantons habités; elle vit isolée. Ses mœurs sont plus sauvages que celles du rounoir et du rougri. Plus adonnée à la chasse, elle est aussi moins timide qu'eux, et ne se laisse pas chasser lâchement, ni par les pie-grièches, ni même par les corbeaux. Elle vole fort lestement, et attrape souvent des perdrix, qu'elle guête de dessus les arbres, et les saisit lorsqu'elles passent près de son embuscade.

Cet oiseau habite les forêts d'Auteniquoi, seul canton de l'Afrique où je l'ai trouvé. Il se perche ordinairement sur le sommet des arbres, où il est très-diffacile de l'appercevoir ; mais s'il se trouve dans le canton qu'il fréquente quelques grands arbres morts, il ne manque pas de s'y retirer de préférence, sur-tout quand il est repu, et en se tenant aux aguets, il est alors facile de le tuer au moment de son arrivée.

Cette buse est à peu près de la taille et de la forme de notre buse commune d'Europe; elle ressemble même tellement, pour son plumage, à plusieurs variétés de cette même espèce, qu'on la prendroit facilement, au premier coup d'œil, pour être aussi une de ces variétés, si elle n'en étoit distinguée par le caractère du tarse, garni de plumes dans toute sa longueur, et par son bec plus délié et ses serres plus éfilées; sa queue est aussi plus longue ; la base du bec et les doigts sont jaunes. Le bec est bleuâtre ; les ongles noirs et les yeux d'un brun noisette. Tout le plumage de la Buse gantée est varié plus ou moins de brun, sur un fond blanc roussâtre; plus pur cependant sur la poitrine et la queue.

Sur le flanc de chaque côté, le brun est répandu plus largement, et forme deux grandes taches de cette couleur; sur les culottes, les taches sont semi-circulaires et rangées symmétriquement dans la longueur des plumes. La queue est blanche en dessous, et porte vers son extrémité une bande noire; en dessus, elle est blanche, jusqu'à la moitié de sa longueur, où elle prend une légère teinte roussâtre, qui se fonce toujours plus à mesure qu'elle approche du bout, où elle est d'un brun noir, et finit enfin par une bande blanche, formée par une tache de cette couleur, qui termine chaque plume de la queue. Le manteau et les aîles sont d'un brun foncé, varié d'une teinte plus foible. L'aîle ployée s'étend jusqu'au bout de la queue, qui est tant soit peu étagée.

LE TACHARD, No. 19.

J'IGNORE absolument tout, jusqu'à la plus petite particularité, de ce qui peut avoir rapport aux mœurs de cet oiseau de proie, que j'ai nommé Tachard, et qui est l'unique de son espèce que j'ai été à portée de voir dans mes voyages; et que je n'ai encore pas tué moi-même; car c'est mon fidèle Klaas, qui le tira au moment où il passoit au-dessus de sa tête, et qui me l'apporta, avec cette satisfaction que lui donnoit toujours le plaisir de me procurer quelques oiseaux nouveaux et rares. Nous étions alors campés sur les bords de la Rivière des Lions, dans le pays des giraffes, et depuis nous n'avons jamais apperçu un autre individu de la même espèce. Plusieurs Kaminouquois qui étoient présens quand Klaas me le remit, ne purent le nommer, et paroissoient ne pas le connoître. Il est donc probable que l'espèce habite un canton plus reculé, et que l'oiseau qui venoit d'être tué étoit un individu égaré et éloigné de son pays natal.

Le Tachard, par sa forme, approche beaucoup des autres buses africaines ; elle a seulement la queue plus longue qu'aucune des trois espèces précédentes dont j'ai parlé, et elle est cependant la plus petite de toutes, quant à l'épaisseur du corps. Son bec est aussi foible que celui du rougri; mais en revanche ses serres sont plus grandes et plus arquées ; ce qui prouveroit qu'elle chasse mieux ; d'ailleurs, sa longue queue et ses aîles, dont la pointe s'étend jusqu'à son extrêmité, doivent lui faciliter les moyens de poursuivre sa proie avec succès.

Cette quatrième espèce de buse d'Afrique se distingue facilement du rounoir et du rougri, non-seulement par le caractère de sa queue plus longue, son corps plus svelte et ses couleurs différemment distribuées ; mais encore parce que son tarse est couvert de plumes jusque passé le milieu de sa longueur : caractère qui suffira aussi pour la distinguer de la buse gantée, qui l'est entièrement jusque sur les doigts. Le Tachard est aussi moins culotté. Quant à ses couleurs, la tête est d'un brun-gris, égayé par quelques traits blancs de l'intérieur des plumes qui se montrent, et qui est la couleur générale du dessous de tout le plumage de cet oiseau. La gorge et la poitrine sont blanchâtres, parsemées de quelques taches brunes, répandues le long des plumes. Tout le dessous du corps, sur un fond blanc roussâtre, porte de larges taches brunes; les scapulaires et les couvertures des aîles, sont d'un brun foncé; mais chacune des plumes étant bordée d'une couleur plus foible, elles se détachent et se dessinent séparément sur le fond. La queue, en dessus, est d'un brun foncé, et porte de larges bandes noirâtres; en dessous, elle est d'un gris-blanc, ondé d'un léger gris-brun, et les bandes y sont aussi moins apparentes. La base du bec est jaunâtre ; la mandibule supérieure noire, et l'inférieure presqu'entièrement jaune jusqu'à sa pointe, qui seulement est noire. La partie nue du tarse est jaunâtre, ainsi que les doigts. Les ongles sont d'un brun-canelle. L'œil étoit d'un brun foncé rougeâtre. La queue est terminée carrément, c'est-à-dire, que toutes ses pennes sont également longues.

LE BUSERAI, No. 20.

CETTE espèce de buse est très-rare, et n'a point encore été figurée, que je sache : je l'ai trouvée dans un envoi d'oiseaux venant de Cayenne ; mais sans la plus légère indication, soit sur ses mœurs, soit sur ses habitudes naturelles. Elle est d'une petite espèce, et approche de la taille du busard des marais. Les aîles ployées s'étendent jusqu'au bout de la queue, dont les pennes sont toutes d'égale longueur. Elle n'est point culottée, et les plumes des jambes descendent un peu sur le tarse par devant. Le bec et les ongles sont noirs, les pieds jaunes et la base du bec m'a paru bleuâtre. La tête, le cou et la poitrine de cet oiseau sont d'un blanc-roux, marqué de brun ; mais ce brun prend une teinte plus noire sur le sommet de la tête, et s'étend en larges

larges coups de pinceau sur le derrière du bas du cou. Les grandes pennes de l'aîle sont noirâtres ; les moyennes, ainsi que les scapulaires et toutes les petites couvertures des aîles, d'un brun-roux, couleur de chataigne, plus ou moins taché ou rayé de noir-brun. La queue elle-même, sur un fond roux plus jaunâtre, porte des rayures noires en zigzag, et elle est d'un brun-noir à son extrémité. Le ventre et les jambes sont d'un roux-clair, rayé transversalement de noir-brun.

Le Buserai me paroît être le même oiseau que celui que Mauduit a décrit, dans l'Encyclopédie méthodique, sous le nom de busard roux de Cayenne ; mais il est aisé de voir que cette espèce n'est point un busard.

LE BUSON, N°. 21.

CETTE espèce nouvelle, que j'ai reçue de Cayenne, me paroît approcher de très-près du genre des buses, oiseaux avec lesquels je lui trouve plus de ressemblance qu'avec tout autre oiseau de proie. Je lui ai donné le nom de Buson, en attendant que nous connoissions celui qu'il porte dans son pays natal, ou que nous soyons instruit de ses habitudes et de sa manière de vivre, sur lesquelles je n'ai pu avoir aucun renseignement quelconque : instructions sans lesquelles, je le répète, il sera toujours très-difficile de rapporter les espèces à leur vraie place, à celle enfin qu'elles tiennent dans la nature.

Cet oiseau est de la taille à peu près de notre petite buse ; celle que Buffon a désignée par le nom de soubuse. Le Buson a la base du bec jaune, ainsi que les pieds; les griffes et le bec d'un noir de corne; la téte et le cou sont couverts de plumes noires à leurs extrêmités et blanches dans la partie qui est cachée lorsqu'elles sont couchées naturellement les unes sur les autres. Les grandes pennes de l'aîle sont noires dans leur plus grande étendue, et comme marbrées de blanc et de roux dans leurs barbes intérieures; les suivantes sont d'un roux-canelle, flambé de noir, et toutes ont leurs extrêmités d'un noir-brun. Le manteau, les scapulaires et les petits recouvremens des aîles, tant en dessus qu'en dessous, sont d'un noir-brun, plus ou moins mélangé et bordé de roux. Les pennes de la queue, qui toutes ont la même longueur, sont noires, et portent chacune une bande transversale blanche vers le milieu de leur longueur; elles sont aussi terminées par un liséré blanc, et légèrement nuancé de roux dans la partie cachée par les recouvremens du dessous de la queue. Toute la partie antérieure du corps, ainsi que les plumes des jambes, portent une rayure noire sur un fond roussâtre. Cet oiseau n'est pas culotté, et sa tête est petite : deux caractères qui le distinguent de nos buses européennes. Les aîles ployées ne s'étendent pas plus loin que la moitié de la longueur de la queue.

Les ressemblances dans les couleurs, sont très-grandes entre cet oiseau et celui de l'article précédent; ce qui pourroit induire en erreur, et les faire prendre pour être de la même espèce, si on ne faisoit attention aux caractères que j'ai indiqués, et qui les séparent certainement. Les aîles du buserai atteignent l'extrémité de la queue, tandis que dans le Buson elles n'arrivent que vers le milieu de sa longueur ; il a encore une partie du tarse couverte de plumes ; ce que n'a

LE BUSON.

pas le dernier. Enfin, le Buson a le tour des narines jaune, et son bec est plus large et moins long que dans le buserai.

LE PARASITE, No. 22.

Le milan se caractérise parmi les races nombreuses et difficiles à reconnoître des oiseaux de proie, par sa queue fourchue et par ses longues aîles, qui atteignent l'extrémité de cette queue, qui elle-même est très-allongée. C'est d'après ces caractères réunis que je rapporte au genre du milan d'Europe, l'oiseau que j'ai fait représenter planche 22. L'ensemble des différens traits de la conformation des animaux, éclaire le travail qu'on fait pour les classer et prévient l'erreur dans laquelle induiroit souvent la considération d'un seul caractère : non-seulement ceux annoncés ci-dessus conviennent parfaitement au Parasite, mais par la forme totale de son corps, le port et les habitudes de cet oiseau, tout se rapporte pour le placer naturellement à côté de notre milan (1). Il en diffère par sa queue, beaucoup moins fourchue, et par la taille, car le Parasite n'est pas plus fort que notre soubuse; par le bec, qui est jaune au lieu d'être noirâtre comme dans notre milan; par la base du bec, bleuâtre au lieu de jaune. Ils ont de commun les pieds jaunâtres et les serres noires.

Une courte description des couleurs du Parasite, jointe à un simple coup d'œil de comparaison sur les figures qui les représentent, suffiront maintenant pour les faire distinguer l'un de l'autre. La partie supérieure de la tête, le cou, les scapulaires et tout le manteau, en général, sont, dans le Parasite, d'une couleur brune de tan; la tige de chacune des plumes de toutes les parties du corps, est noirâtre; elles sont lisérées d'une teinte moins foncée. Les plus grandes couver-

(1) Voyez les planches enluminées de Buffon, No. 422.

tures du-dessus des aîles ont leurs bords encore plus lavés. Les grandes pennes de l'aîle sont noires, les moyennes moins foncées et les dernières brunes. Les joues et la gorge sont blanchâtres ; la poitrine est de la même couleur que le manteau. Le ventre, les jambes et les recouvremens du dessous de la queue, sont d'une belle couleur de canelle ou de bois d'acajou. En général, toutes les plumes ont une ligne noirâtre le long de leurs tiges. La queue est brune, rayée transversalement d'une couleur plus foncée ; et à l'exception des deux premières de chaque côté, le bout de chacune des pennes qui la composent est d'un fauve léger ; l'iris est d'un brun-noisette,

Dans cette espèce, la femelle est un peu plus forte que le mâle, et ses couleurs sont plus ternes.

J'ai trouvé le Parasite généralement dans toute la partie de l'Afrique que j'ai visitée ; je l'ai rencontré plus communément dans les cantons les plus fournis de menu gibier, et notamment chez les Caffres et dans le pays des Grands Namaquois. Dans la Colonie du Cap, les habitans nomment cet oiseau *kuyken-dief*, qui signifie voleur de poulets ; c'est le nom hollandois du milan, et non pas *kuken-duf*, comme l'a écrit Buffon. Il n'est pas étonnant que les premiers Hollandois qui vinrent s'établir au Cap, ayant reconnu dans cet oiseau une espèce aussi analogue à leur milan, lui aient donné le même nom.

Le Parasite a, dans le caractère, plus de hardiesse que notre milan ; la vue des hommes ne l'empêche pas de fondre sur les jeunes oiseaux domestiques ; on ne voit point une habitation où il ne paroisse, à certaine heure du jour, quelques-uns de ces oiseaux voleurs. Dans mes voyages, lorsque j'étois campé, il ne manquoit jamais d'en arriver plusieurs ; ils se posoient sur mes charriots, et nous enlevoient souvent quelques morceaux de viande. Chassés par mes Hottentots, ils revenoient à l'instant avec une voracité et une hardiesse toujours incommodes; les coups de fusils ne nous débarrassoient point de ces Parasites; ils reparoissoient, quoique blessés. Invinciblement attirés par la chair qu'ils nous voyoient préparer, et qu'ils nous arrachoient, pour ainsi dire, des mains, notre cuisine à l'air, et sous la voûte du ciel, les nourrissoit malgré nous. Sur les bords des rivières, j'ai vu ce milan s'abattre du haut des airs, et se plonger dans l'eau, comme le nôtre, pour en tirer du poisson. Il chasse d'ailleurs toutes sortes de menu gibier. Les restes des grands quadrupèdes que je tuois pour mon usage et celui de mes gens, étoient fort de son goût. Il se rabat aussi sur les charognes, dont il disputoit même courageusement, et avec succès, les lambeaux aux corbeaux, ses mortels ennemis : ces oiseaux fuyoient en vain avec leur proie, le Parasite s'acharnoit à leur poursuite et les forçoit à la lui abandonner. Il se battoit courageusement aussi contre les buses et les autres oiseaux de proie, ou plus foibles ou plus poltrons ; et dans ses combats il étoit bien servi par l'habilité de son vol et la légéreté de ses mouvemens, qui l'élèvent au besoin à des hauteurs prodigieuses, d'où on l'entend pousser un cri perçant, mais rare.

Quand une fois ces oiseaux avoient apperçu mon camp, j'étois persuadé de les voir revenir tous les jours à la même heure, et chaque visite en augmentoit le nombre, au point que quelquefois nous en étions obsédé d'une douzaine. J'en ai remarqué un, étant campé à la rivière Gamtoos, où je suis resté fort long tems, qui est venu fidèlement tous les jours me visiter, à onze du matin et à quatre heures de l'après-midi : j'étois très-persuadé que c'étoit le même, car il lui manquoit, à une des aîles, quatre ou cinq des moyennes pennes, que j'avois abattues d'un coup de fusil ; ce qui produisoit un vide qu'il étoit facile de remarquer, et me le faisoit toujours reconnoître. Le passage de ces oiseaux dans les mêmes contrées, et toujours à-peu près à la même heure, est une observation que j'ai généralement trouvée vraie durant tout le cours de mes voyages, il paroît même que c'est une habitude particulière de ce milan d'Afrique et du milan d'Europe; car j'ai observé à ce dernier la même habitude de passer à certaines heures par les mêmes endroits, et jamais je n'ai manqué de tuer un milan dont j'avois envie, quand je l'attendois à l'heure et dans l'endroit où je l'avois vu une fois roder.

Le Parasite fait son nid sur les arbres ou dans les rochers; mais s'il se trouve quelque marais dans les environs du pays qu'il habite, il le fréquente de préférence, et place son nid sur quelque buisson entre les roseaux. La ponte est de quatre œufs, qui sont tachetés de roux.

Dans le premier âge, le Parasite est couvert d'un duvet grisâtre. Au sortir du nid, ses couleurs sont d'une brun plus sombre que par la suite. Sa queue est alors presque carrément coupée. Ce caractère d'avoir, dans son jeune âge, la queue moins fourchue, est conforme à celui du milan d'Europe. Le milan noir (1), dont les naturalistes ont fait une seconde espèce, n'est autre chose que le jeune milan d'Europe qui n'a point encore subi sa seconde mue. Ceci est un fait dont je suis très-certain, ayant élevé plusieurs de ces prétendus milans noirs, que j'avois enlevés du nid après avoir tué le père et la mère, que je reconnoissois pour être de l'espèce du milan ordinaire; tandis que ces mêmes petits étoient exactement conformes aux descriptions du milan noir, qui, au reste, soit dit en passant, n'a pas un atôme de noir dans son plumage. Des gardes-chasse m'ont souvent apporté de ces mêmes prétendus milans noirs, que j'ai toujours reconnus, à la molesse

(1) Voyez les planches enluminées de Buffon, N°. 472.

des os du crâne, pour n'être que des jeunes oiseaux ; et Buffon a eu grande raison, comme on voit, de considérer le milan royal et ce milan noir, comme deux espèces très-voisines, puisqu'ils ne sont en effet qu'une seule et même espèce dans deux âges différens.

Le Parasite est donc une seconde espèce de milan à ajouter à celui d'Europe. Quant au milan de la Caroline de Brisson (1), ou l'épervier à queue d'hirondelle de Catesby (2), il est certain que ce n'est que par rapport à sa queue fourchue, que cet oiseau a été indiqué comme un milan ; car par tous les autres caractères il s'en éloigne absolument. Il est indubitable que si la forme du bec et des pieds sont les principaux caractères d'après lesquels nos méthodistes ont cherché à différencier les gen-

---

(1) Brisson, *Ornithologie*, tom. I, page 418.

(2) *Hitoire naturelle de la Caroline*, par Catesby, planche IV, tom. I.

ées, l'oiseau dont il est question n'est point un milan, car la mandibule supérieure est unie de chaque côté, et non cranée comme celle du milan et comme l'ont généralement tous les oiseaux de proie. Si nous considérons maintenant la forme des pieds de ce prétendu milan de la Caroline, nous trouverons que cet oiseau a le tarse proportionnellement moitié aussi long que notre milan, qui l'a déja plus court même que les buses, et par conséquent que les éperviers, qui, de tous les oiseaux de rapine, les ont les plus longs; ainsi le nom d'épervier à queue d'hirondelle, que lui donne Catesby, ne lui convient pas plus que celui de milan que lui a appliqué Brisson; et si, en effet, cet oiseau a la queue fourchue, elle l'est, comme on peut le remarquer, bien différemment que celle du milan; car elle se trouve entièrement évidée, presque dès son origine; tandis que l'enfourchure de la queue du milan ne commence que vers sa pointe.

D'ailleurs, si nous voulions prendre pour caractère générique les formes de la queue, on seroit, d'un côté, obligé d'admettre, dans le même genre, quantité d'espèces qui n'ont nul rapport entre eux; et, d'un autre côté, d'en faire plusieurs de différentes espèces, qui très-certainement sont du même genre, malgré les différentes formes de leurs queue. La seule famille des gobes-mouches, nous offre une variété étonnante dans la conformation de leurs queues.

Il se trouve au Sénégal un oiseau de proie, auquel les François ont donné le nom d'écouffe. Si, en effet, c'est un milan, il est probable qu'il est de la même espèce que le Parasite; puisque tout ce qu'en dit l'auteur qui en parle s'y rapporte parfaitement. « Toute nourri-« ture convient, dit-il, à sa faim dévo-« rante; il n'est point épouvanté des ar-« mes à feu; la chair cuite ou crue le « tente si vivement qu'il enlève aux ma-« telots leurs morceaux dans le tems « qu'ils les portent à leurs bouches. »

Tout ceci revient bien à ce que j'ai dit de la voracité du Parasite. D'ailleurs, puisque j'ai trouvé ces oiseaux en plus grande quantité chez les Grands Namaquois et vers le tropique que près du Cap, il n'y auroit rien d'étonnant qu'il se retrouvât dans les mêmes latitudes de l'autre côté de la ligne ; et cela est même plus que probable.

LE GRENOUILLARD, N°. 23.

CET oiseau de proie, que j'ai nommé Grenouillard, nous présente à peu près les mêmes dimensions, et précisément les mœurs de notre busard (1), à côté duquel il peut être placé. Il ressemble à cet oiseau par son corps svelte et par la longueur de ses tarses; il en diffère par le bec qu'il a plus allongé et moins épais à sa base. On le distingue encore facilement par ses couleurs, qui en diffèrent totalement. Tout le dessus du corps est d'un brun de terre d'ombre lavé; du moins c'est la couleur des plumes dans leur partie visible; celle qui est cachée est souvent blanche d'un seul

(1) Voyez les planches enluminées de Buffon, N°. 424.

côté, et ordinairement inégalement des deux côtés de la tige. La gorge et les joues sont couvertes de plumes foibles à barbes désunies, d'une couleur blanchâtre, avec une bande longitudinale brune; le dessous du corps est d'un brun plus clair, légérement varié de blanc sur la poitrine et le bas-ventre; sur les jambes, la couleur blanchâtre borde toutes les plumes, qui sont d'un roux ferrugineux, ainsi que le dessous de la queue. Les aîles sont brunes; en dessous, elles portent des bandes transversales de blanc et de brun-clair. La queue, qui est coupée carrément au bout, est de la même couleur que les pennes de l'aîle. Elle est rayée en travers d'un brun plus foncé, sur-tout dans le milieu de chaque plume; les bords étant d'une teinte fauve. Le haut du cou et le poignet de l'aîle sont parsemés de taches blanches. Les pieds et les doigts sont jaunâtres; la base du bec est bleuâtre, le bout en est noir, ainsi que les serres. Les aîles ployées s'étendent aux deux tiers de la longueur de la queue. L'œil est d'un gris-brun.

Les colons du Cap et les Hottentots, voyant continuellement ce busard planer sur les marais et se percher sur les buissons ou sur les arbres qui les avoisinent, d'où il fond sur les grenouilles qu'il apperçoit et qu'il dévore dans l'épaisseur des roseaux, lui ont donné le nom de *Kikvors-vanger* (attrapeur de grenouilles), d'où j'ai tiré celui de Grenouillard. Cet oiseau ne se contente pas seulement de la chasse des grenouilles, car il fait la guerre à tous les oiseaux aquatiques, particulièrement quand ils sont encore jeunes.

C'est en planant avec grâce et dextérité au-dessus des marais, que son œil, toujours attentif, guête sa proie, sur laquelle il fond impétueusement. Quand il s'est abattu dans les roseaux, s'il en sort à l'instant même, c'est une preuve qu'il a manqué son coup; sinon il ne reparoît que quand il a mangé sa proie, qu'il dévore sur la place même où il l'a saisie. J'ai trouvé dans l'estomac de ce busard des débris de poisson ; ainsi il pêche aussi bien qu'il chasse.

C'est dans les marais et parmi les roseaux que le Grenouillard établit son nid, qu'il construit avec des tiges et des feuilles amoncelées de ces plantes aquatiques. J'ai trouvé plusieurs fois leurs couvées, où j'ai vu trois et quatre œufs entièrement blancs.

Cet oiseau est généralement répandu dans toute l'Afrique, depuis le Cap des Aiguilles jusqu'à chez les Caffres, c'est-à-dire, le long de la côte est, où j'en ai tué plusieurs. Je n'assurerai point qu'il se trouve sur la côte opposée et notamment dans l'intérieur des terres, quoiqu'il me semble en avoir apperçu plusieurs voler au-dessus de quelques marais ; mais, comme il ne m'a point été possible d'en tuer un dans ces cantons, afin de vérifier le fait par la comparaison, je n'affirmerai point qu'ils étoient de la même espèce. En tout cas, si c'est la même, elle y est au moins infiniment plus rare ; et la raison en est simple, car dans l'intérieur, et le long de la côte ouest, les terres étant sablonneuses, sèches et arides, offrent peu de marais ; et ces oiseaux, les recherchant de préférence, doivent naturellement fréquenter les lieux les plus arrosés et les plus humides. C'est sur les bords du Duyven-hoeck, du Gaurits, du Brak, et dans les marais d'Auteniquoi, où j'ai le plus rencontré le Grenouillard.

La femelle, dans cette espèce, est plus forte que son mâle d'un quart tout au plus, et elle n'en diffère que par quelques légères teintes plus foibles dans son plumage.

Etant campé dans les environs de la baie Lagoa, mon fidèle Klaas m'apporta un jour un busard qu'il venoit de tuer dans un marais situé près de nous, entre le Queur-boom et le Witte-dreeft. C'étoit dans le moment où je fus attaqué d'une forte dissenterie. Ma maladie m'ayant empêché de préparer cet oiseau, et Klaas remarquant le plaisir qu'il m'avoit fait, imagina, n'étant point encore adroit à les écorcher à ma manière, de le faire tout au moins sécher avec sa chair; opération qui fut cause de sa destruction totale, et qui prive le public du portrait d'une espèce que je n'ai pu me procurer une seconde fois; mais j'y suppléerai par la courte description que j'en ai faite d'après l'oiseau même, ce qui suffira pour l'indiquer. Il est de la même taille à peu près que le Grenouillard; son plumage est en général par-tout d'un brun sombre, très-approchant de la couleur de notre busard d'Europe. La plus grande partie de sa tête et ses joues sont d'un blanc sali de roussâtre. Presque toutes les petites couvertures des aîles étoient de cette même couleur. Les pieds et la base du bec ont une teinte jaunâtre.

Je n'ai pas beaucoup examiné cet oiseau; par conséquent il m'est impossible de décider si c'est simplement une variété du Grenouillard, ou peut-être de notre busard européen, qui a aussi la tête blanchâtre ; mais ce dernier n'a pa comme celui que j'ai indiqué, les peti tes couvertures des aîles de cette mêm teinte de blanc-roux. Je ne me rappell point si la queue étoit étagée, ou carré ment coupée, comme celle du Grenoui lard : ce caractère seul m'auroit éclair le doute ; mais, comme je l'ai dit, mo attention n'a point été très-scrupuleus sur l'individu ; car il étoit naturel d supposer que je tuerois un autre oisea de la même espèce. Ceci prouve com bien il est essentiel de ne pas néglige les plus petites occasions d'observer ; ca par fois nous en laissons échapper un qui ne se représente plus ; aussi un voya geur ne doit point rebuter l'objet qui lu paroît le moins bien conservé ; puisqu souvent on ne les retrouve pas une secon de fois. Il m'est arrivé mainte fois, dans l commencement de mon voyage, de re jeter un oiseau, parce qu'il étoit tro mutilé du coup de fusil, et de le regret ter par la suite. Aussi faut-il conser ver soigneusement, même les objets le plu plus défectueux, au moins jusqu'au moment où l'on se trouve à même de les remplacer mieux.

En passant dans le Lange-Kloof ou Vallée Longue, et longeant la rivière Krom, j'ai vu, à plusieurs reprises, planer au-dessus d'un marais, un oiseau de proie, qui, à toute son allure, m'a semblé aussi être une espèce de busard. Je l'ai vainement guêté tout un après-dîné, et l'ai malheureusement tiré d'un peu trop loin, dans un moment où il passoit à une certaine distance de moi; mais, ne l'ayant que légèrement blessé, il s'en fut, et ne se remontra plus. Son plumage m'a paru être tout noir; mais son croupion étoit entièrement blanc.

LE TACHIRO, No. 24.

C'EST dans l'épaisseur des forêts majestueuses de la partie la plus reculée du pays d'Auteniquoi où j'ai, pour la première fois, rencontré l'oiseau de rapine que j'ai nommé Tachiro. C'est dans le silence de ces bois, à l'ombre de ces arbres antiques, vrais colosses de la végétation, qu'ont vieilli plusieurs générations d'hommes, et qu'un être sensible n'approche jamais sans éprouver ce sentiment sublime que cause l'admiration; c'est-là, dis-je, où, pour la première fois, parmi les chants harmonieux et tendres d'une multitude d'oiseaux différens, les cris pinchards et discordans du Tachiro frappèrent mon oreille. Cet oiseau de carnage, vrai fléau de tous les petits oiseaux de son domaine, fait la guerre à tous indistinctement. Il est inférieur, pour la taille, à notre autour.

J'aurois rangé le Tachiro parmi les éperviers, si je ne lui avois trouvé le tarse plus court et les aîles plus allongées et coupées différemment que celles de ces oiseaux. Les aîles en repos s'étendent au-delà de la moitié de la longueur de la queue, qui elle-même est à peu près aussi longue que le corps. La tête, ainsi que le cou, sont variés de blanc, de roux et tachés d'un brun-noir. La gorge est plus blanchâtre, mêlée de roussâtre ; le manteau est d'un brun sombre, ainsi que les couvertures des aîles, dont chaque plume est liserée d'une teinte plus lavée. Toutes les pennes de l'aîle sont terminées de blanc. Le dessous de la queue est blanc à larges bandes d'un noir lavé ; en dessus elle est brune, et les bandes sont plus foncées. Tout le dessous du corps porte, sur un fond blanc nué de roussâtre, des taches brunes, plus ou moins foncées ; ces taches sont rondes ou semi-circulaires, et sur les jambes elles ont précisément la forme d'un cœur.

Le bec est blèuâtre; les ongles sont noirs, et les pieds jaunes. L'iris est de la couleur d'une topase. Dans cette espèce, la femelle est aussi plus grosse que le mâle; son plumage est généralement plus mêlé d'une teinte roussâtre; le blanc est plus sali, et les taches moins bien dessinées.

Ces oiseaux bâtissent leurs nids dans l'enfourchure des plus grands arbres; ce sont de petites branches souples, et de la mousse qui en forment l'extérieur; en dedans ils sont fournis de beaucoup de plumes. Je n'ai trouvé qu'un seul de ces nids, dans lequel il y avoit trois petits entièrement couverts d'un duvet roussâtre: voulant les laisser dans le nid pour les prendre quand ils seroient assez forts, je les y abondonnai. J'allois tous les trois ou quatre jours visiter ma nichée, à qui même j'apportois plusieurs oiseaux dont j'avois conservé la dépouille; je les posois au bord du nid, et les trouvois dévorés à la visite suivante; mais je crois que les vieux les mangeoient eux-mêmes ; car je voyois, sur les branches et sur le nid même, une quantité prodigieuse d'ailes de mantes et de sauterelles ; insectes qui, je crois, faisoient la principale nourriture des petits. J'entendois continuellement, pendant le jour, les vieux jeter des cris très-perçans, *cri-cri—cri-cri-cri—cri-cri* ; en approchant des jeunes, ils venoient tous les deux jusque sur l'arbre où j'étois, et m'approchoient de si près, pour les défendre, que j'aurois pu facilement les tuer avec un bâton.

Ayant trop tardé de m'emparer de la couvée, un jour qu'à mon ordinaire j'allai la visiter, je ne trouvois plus que le nid : les vieux et les jeunes tout étoit disparu ; je leur su très-mauvais gré d'avoir été plus diligens que moi. A en juger par quelques débris des coquilles d'œufs que je vis encore dans le nid, ils étoient blancs et portoient quelques taches roussâtres.

Je n'ai jamais apperçu le Tachiro

dans la plaine, et ne l'ai vu que dans les énormes bois qui bordent le Queurboom et dans les forêts d'Auteniquoi.

XV. Tom. I. Pag. 274.

LE TACHIRO

LE MANGEUR DE SERPENS, N°. 25.

Le défaut d'observations exactes, les rapports incertains des voyageurs, et bien plus encore l'inexpérience et le peu de connoissance des auteurs qui ont parlé de cet oiseau, sous les différentes dénominations de secrétaire, sagitaire ou messager, ont empêché, jusqu'à ce moment, les naturalistes de voir dans cette espèce un vrai oiseau de rapine, et non-seulement le destructeur des serpens, mais encore de tous les quadrupèdes ovipares ; enfin, un oiseau de combat vorace et intrépide, en un mot, un véritable oiseau de proie, armé d'un bec épais et crochu, et dont le corps massif et robuste est de plus muni d'ailes meurtrières, qui lui servent à frapper et assommer sa proie, comme avec une massue, à défaut de serres aigues et fortes dont il ne feroit point usage.

Cet oiseau tient donc aux autres oiseaux de proie par la forme de son bec, par celle de son corps, et par ses mœurs sanguinaires et sauvages ; mais il est modifié comme devoit l'être un oiseau de rapine fait pour combattre les serpens et s'en nourrir. Une course continuelle et utile émousse ses ongles, et lui interdit un vol qui ne lui est pas nécessaire, et dont il fait en effet peu d'usage. Le Mangeur de serpens est enfin, dans tout son ensemble, ce que devoit être un oiseau de proie terrestre, destiné, par la nature, à purger les déserts d'Afrique des reptiles les plus dangereux; afin, sans doute, d'y maintetenir l'équilibre entre ces espèces redoutables et les autres animaux : équilibre si généralement nécessaire au grand ouvrage du Créateur, et sans lequel la terre ne seroit bientôt plus peuplée que d'êtres malfaisans. Triste exemple de ce qui se passe parmi les hommes, quand les méchans ont acquis par leur nombre, ou par la lâcheté des autres hommes, le droit de tout oser impunément.

Le Mangeur de serpens a la jambe et le tarse très-longs ; ce qui élève son corps de terre et le garantit encore plus facilement de la morsure des reptiles venimeux qu'il combat. Ses doigts courts et ses ongles émoussés, ne lui servent point à presser et à enlever sa proie ; ses pieds sont destinés et se bornent seulement à poursuivre les serpens avec plus de vitesse, ou à se dérober à leurs morsures envenimées, par des sauts et des bonds réitérés. La nature a suppléé, dans cette espèce au défaut de serres, si utiles aux autres oiseaux de rapine ; elle a muni ses ailes de proéminences osseuses, qui, quoique émoussées et arrondies, sont propres à cet usage.

Armé de la sorte, il ose attaquer un ennemi aussi redoutable que le serpent ; fuit-il, l'oiseau le poursuit ; on diroit qu'il vole en rasant la terre ; il ne développe cependant point ses ailes, pour s'aider dans sa course, comme on l'a dit de l'autruche ; il les réserve pour le combat, et elles deviennent alors ses armes offensives et défensives. Le reptile surpris, s'il est loin de son trou, s'arrête, se redresse et cherche à intimider l'oiseau, par le gonflement extraordinaire de sa tête et par son sifflement aigu. C'est dans cet instant que l'oiseau de proie, développant l'une de ses aîles, la ramène devant lui, et en couvre, comme d'une égide, ses jambes, ainsi que la partie inférieure de son corps. Le serpent attaqué, s'élance ; l'oiseau bondit, frappe, recule, se jette en arrière, saute en tous sens, d'une manière vraiment comique pour le spectateur, et revient au combat en présentant toujours à la dent venimeuse de son adversaire, le bout de son aîle défensive ; et pendant que celui-ci épuise, sans succès, son venin à mordre ses pennes insensibles, il lui détache, avec l'autre aîle, des coups vigoureux, dont l'énergie est puissamment augmentée par les proéminences et les duretés dont j'ai parlé plus haut. Enfin, le reptile étourdi d'un coup d'aîle, chancèle, roule dans la poussière, où il est saisi avec adresse, et lancé en l'air, à plusieurs reprises, jusqu'au moment où, épuisé et sans force, l'oiseau lui brise le crâne à coups de bec, et l'avale tout entier, à moins qu'il ne soit trop gros; dans ce cas, il le dépèce en l'assujetissant sous ses doigts. Des piquants aigus, comme ceux du jacana ou du camichi, seroient sans effet sur la peau lisse et le corps arrondi des serpens; des nœux durs sont plus utiles à l'oiseau dont nous parlons; leurs coups réitérés, donnés avec force, étourdissent le reptile, et lui cassent souvent l'épine vertebrale du premier coup qu'il reçoit.

Le Mangeur de serpens se nourrit également de lésards, moins dangereux à combattre; il ajoute à cette nourriture tout ce qu'il peut trouver de petites tortues, qu'il avale toutes entières, après leurs avoir, ainsi qu'aux serpens et aux lésards, brisé le crâne. Il fait aussi un grand dégat d'insectes et de sauterelles.

Dans l'état de domesticité, cet oiseau se nourrit de toute espèce de viandes, crues ou cuites, et mange des poissons. Je l'ai vu mainte fois avaler de petits poulets et des oiseaux entiers, avec toutes leurs plumes; mais j'ai remarqué que toujours il avoit soin de les faire entrer dans son bec la tête la première. Je ne crois pas que, dans l'état de nature, il attaque les oiseaux; du moins je n'en ai jamais vu d'exemple.

L'un des Mangeurs de serpens que j'ai tué, et qui étoit un mâle, avoit dans son jabot vingt-une petites tortues entières, dont plusieurs avoient près de deux pouces de diamètre; onze lésards de sept à huit pouces de long, et trois serpens de la longueur du bras et d'un pouce d'épaisseur. Outre ces animaux, j'y trouvai encore une multitude de sauterelles et d'autres insectes, dont plusieurs étoient même si entières, que je les plaçai dans ma suite de ce genre; les serpens, lésards et tortues avoient tous chacun un trou dans la tête. Je trouvai dans l'estomac très-ample de cet oiseau, une pelote grosse comme un œuf d'oie; elle n'étoit composée que de vertèbres de serpens et de lésards, d'écailles de tortues, d'aîles et pattes de sauterelles, et enfin, d'élitres de plusieurs scarabées. Cet oiseau rejette, par le bec, toutes ces dépouilles, ainsi que le font plusieurs autres oiseaux de proie.

Comme tant d'autres êtres puissans de la nature, le Mangeur de serpens abuse de sa force; les moyens offensifs qui lui furent donnés pour conserver son espèce, tournent souvent contre lui-même. L'amour excite entre les mâles des combats longs et opiniâtres; ils se frappent mutuellement de leurs aîles, pour se disputer une femelle, qui se rend toujours au vainqueur. C'est vers le mois de juillet que ces oiseaux entrent en amour. Ils construisent un nid en forme d'aire, plat comme celui de l'aigle, et le placent dans le buisson le plus haut et plus touffu du canton, qu'ils se sont choisis pour leur domaine. Ce nid est garni intérieurement de laine et de plumes ; sa dimension est au moins de trois pieds de diamètre ; il est arrangé dans le milieu du buisson, dont les branches sont si artistement écartées qu'elles servent de fondement à tout l'édifice ; ces mêmes branches poussent des jets qui, montant après plus haut que le nid, forment tout autour une espèce de rempart, qui le dérobe à la vue et le met à même de n'être découvert que très-difficilement.

Au reste, cette manière de nicher sur les buissons est relative au local ; on l'observe dans les environs du Cap, dans toutes les plaines arides et brûlées et généralement dépourvues de grands arbres : vers la côte Natale, où on trouve aussi ces oiseaux, j'ai vu leur aire placé sur les grands arbres, où ils se retiroient aussi le soir pour se coucher. Le même nid sert très-long-tems.

au même couple, qui, comme les aigles, habite seul un domaine assez étendu. La ponte de cet oiseau est de deux et souvent de trois œufs ; ils sont entièrement blancs, ponctués de roussâtre, et de la grosseur de ceux d'une oie, mais un peu moins allongés. Les petits sont très-longtems hors d'état de prendre leur essor ; leurs longs pieds frêles, sur lesquels ils ont d'abord beaucoup de peine à se soutenir, sont la cause de ce retard ; et on les trouve encore dans le nid quoiqu'ils aient tout le développement et toute la grandeur propre à leur espèce. Ils ne peuvent enfin bien courir qu'à l'âge de quatre ou cinq mois, et jusqu'à ce moment ils marchent sur le tarse en s'appuyant sur le talon ; ce qui leur donne fort mauvaise grâce. En revanche, dans l'état parfait, il a la démarche aisée, le port noble, les mouvemens pleins de dignité ; tranquille, il marche avec une assurance lente et agréable ; mais, au besoin, il court d'une vîtesse extrême. Lorsqu'il se voit poursuivi, il préfère fuir plutôt par la course que de prendre son vol ; et, dans ce cas, il fait des pas d'une grandeur démesurée. Il faut, pour obliger cet oiseau de s'envoler, ou le surprendre d'une manière brusque et inopinée, ou le poursuivre à cheval au grand galop ; mais alors il s'élève peu, et redescent aussitôt qu'il se voit hors de danger, pour se remettre à courir de plus belle.

Le Mangeur de serpens est très-méfiant et singulièrement rusé ; on l'approche difficilement à la portée pour le tirer avec succès ; et comme on ne le rencontre guère que dans les plaines les plus arides et les plus découvertes, lieux que fréquentent de préférence les animaux dont il fait sa proie, il y est en sûreté, étant à même de découvrir ce qui se passe au loin. Aussi, le chasseur, une fois qu'il a été remarqué par lui, doit renoncer au projet de le joindre d'assez près pour être sûr de l'abattre ; mais il peut y suppléer par la ruse ; car cet oiseau, revenant toujours dans les mêmes cantons ; lorsqu'on en aura observé un qu'il fréquente d'ordinaire, il faudra s'y rendre avant le jour, se cacher dans un buisson bien touffu, et y rester jusqu'à ce qu'il se présente convenablement pour être tué. Il faut, dans cette chasse, s'armer de beaucoup de patience, ne pas faire le moindre mouvement, et le buisson dans lequel on se cachera doit même être tellement ombragé qu'on ne puisse voir le jour à travers; sans quoi l'oiseau, très-clairvoyant, y aura bientôt découvert le chasseur. Le canon du fusil, ainsi que les batteries, doivent aussi avoir été frotté avec du sang chaud de quelque animal, afin qu'ils aient le moins d'éclat possible (1). Voilà la seule manière qui m'ait réussi pour parvenir à me procurer ces oiseaux, et encore n'en ai-je

(1) C'est la méthode qu'emploient les colons du Cap pour ternir leurs fusils; ce qui est infiniment préférable au bronzé d'Europe, et très-nécessaire pour approcher les gazelles d'Afrique.

pu tuer que cinq pendant tout le séjour que j'ai fait en Afrique.

Dans cette espèce, le mâle et la femelle se séparent rarement, et toujours on les trouve ensemble. Pris jeune, cet oiseau s'apprivoise facilement, et se nourrit aisément. Il s'habitue avec la volaille, et si on a soin de le bien nourrir, il ne leur fait aucun mal; mais si, au contraire, on le laisse jeûner, les petits poulets et les jeunes canards deviennent bientôt sa proie: c'est donc le besoin seul qui l'invite à mal faire, si toutefois c'est un mal de pourvoir à sa subsistance. Il n'est pas de son naturel d'être méchant; au contraire, il semble aimer la paix; car s'il voit quelque bataille parmi les animaux de la basse-cour, on le voit aussitôt accourir pour séparer les combattans. Beaucoup de personnes, au Cap de Bonne-Espérance, élèvent de ces oiseaux dans leurs basse-cours; autant pour y maintenir la paix que pour détruire les lésards, les serpens et les rats, qui souvent s'y introduisent pour dévorer la volaille et les œufs. Le Mangeur de serpens se trouve dans toutes les plaines arides des environs du Cap, et notamment dans le Swart-land. Je l'ai vu très-fréquemment sur toute la côte de l'est, même jusque chez les Caffres, et dans l'intérieur des terres ; mais à la côte de l'ouest, et sur-tout vers le pays des Namaquois, je ne l'ai pas, à beaucoup près, rencontré autant.

Plusieurs naturalistes ont parlé de ce destructeur des serpens, et l'ont décrit ; mais peu l'ont, à ce qu'il paroît, bien examiné. Buffon lui donne la dimension d'une grande grue ; il s'en faut pourtant de beaucoup qu'il ait la hauteur des grandes espèces de ce genre ; il est même inférieur de taille à notre grue européenne, et n'a enfin tout au plus que trois pieds deux à trois pouces de hauteur. Quand à ses longs pieds, que l'auteur compare à ceux des oiseaux de rivage, il n'est pas le seul oiseau de proie dont le tarse soit aussi long, car les éperviers, proportionnellement à leur taille, l'ont au moins de la même longueur ; et il est absolument faux que la jambe de cet oiseau soit dégarnie de plumes un peu au-dessus du *genou* (1). Tout au contraire, les plumes des jambes descendent un peu sur le devant du tarse. Au reste, cet oiseau est si mal figuré dans les planches enluminées de Buffon, N°. 721, qu'il est impossible de le reconnoître dans ce portrait peu fidèle, tant pour ses couleurs

---

(2) Ici Buffon nomme encore genou la partie que, dans cent autres endroits, il désigne comme le talon ; et c'est très-certainement du talon dont il a voulu parler ; car jamais on n'apperçoit le genou des oiseaux, qui se trouve toujours caché par les plumes des flancs. D'ailleurs, le secrétaire ou Mangeur de serpens n'a la jambe dégarnie de plumes ni en haut ni en bas ; et la preuve la plus convaincante que c'est du talon dont Buffon a voulu parler, dans cette occasion, c'est qu'il reproche à son dessinateur de n'avoir point saisi les caractères qu'il donne à son secrétaire, et dont celui de la jambe dégarnie de plumes fait partie. Voyez dans Buffon la description du secrétaire, vol. XIV, pag. 30 de l'édition *in*-12.

que pour sa forme totale. La peau nue qui entoure son œil et la base du bec, n'est pas rouge, comme dans la figure que nous avons citée, mais jaune, plus ou moins orangé ; il n'a pas non plus le cou de cigogne qu'on lui prête, et encore moins un bec de gallinacée ; et enfin, il n'est pas un vautour, comme le prétend Forster.

Kolbe a confondu cet oiseau avec le pélican : le nom de *slang-vreeter* (mangeur de serpens) qu'il applique au pélican, est le nom que porte au Cap, dans toute la Colonie et chez les Hottentots, l'oiseau dont nous parlons. Les Hollandois l'ont nommé ensuite *secretaris* (secrétaire), par comparaison avec leurs écrivains de bureau, qui généralement ont l'habitude de ficher leurs plumes dans leur perruque derrière l'oreille et dont celles de la huppe de cet oiseau rappellent l'idée. Vosmaer l'a nommé sagitaire, et d'autres enfin messager, par rapport à la vîtesse de sa course. Quant à moi, je lui conserverai son véritable nom, qui lui convient mieux ; car enfin il n'est pas un secrétaire, ni un sagitaire, et encore moins un messager ; mais il est un mangeur de serpens.

Cet oiseau est caractérisé par un bec crochu et fort comme celui des aigles ; par un long tarse ; par une touffe de plumes inégales, qui lui forme, sur le derrière du cou, une espèce de crinière pendante, qu'il peut hérisser à volonté ; et enfin par une queue très-étagée, dont les deux plumes de milieu sont du double plus longues que les deux suivantes, et traînent à terre pour peu que l'oiseau les tienne obliquement. L'œil est d'une couleur grisâtre ; il est très-ouvert et garni d'un sourcil de cils noirs. La bouche est grande et fendue jusque passé les yeux ; la gorge, fort ample, est susceptible d'une très-grande extension, ainsi que la peau du cou. Le jabot est d'une ampleur considérable, et contient une quantité prodigieuse de nourriture.

Le plumage du Mangeur de serpens, mâle, lorsqu'il est parvenu dans son état parfait, est, sur la tête, le cou, la poitrine et généralement tout le manteau, d'une couleur gris-bleuâtre, nuée plus ou moins d'une légère teinte de brun-roux sur les couvertures des aîles, dont les grandes pennes sont noires. La gorge, ainsi que les plumes qui couvrent le sternum, sont blanches, et celles du dessous de la queue d'un blanc sali de roussâtre; le bas-ventre noir, mêlé et comme rayé de roux ou de blanc; les jambes, enfin, sont couvertes de plumes d'un beau noir, rayé imperceptiblement de brun; vers le talon, cette rayure prend un ton plus blanchâtre. La base du bec et la peau nue des yeux sont d'une couleur jaune, plus orangée au-dessus de l'œil. Le bec est couleur de corne noirâtre, ainsi que les ongles, qui sont courts et émoussés. Les doigts, très-épais, sont, ainsi que le tarse, couverts de larges écailles d'un brun jaunâtre. La queue est, comme je l'ai dit, très-étagée; les pennes qui la composent sont, en partie, noires, et prennent toujours plus de gris à mesure qu'elles s'allongent ; elles sont de plus toutes terminées de blanc ; les deux du milieu, qui dépassent de beaucoup toutes les autres, sont entièrement d'un gris-bleu, nuées de brun vers le bout, où elles portent une tache noire et sont aussi terminées de blanc ; mais il arrive quelquefois que ce bout blanc disparoît entièrement, par le frottement qu'elles éprouvent en traînant souvent à terre. J'ai remarqué encore que ces deux longues plumes se rétrécissoient depuis le croupion jusqu'au milieu de leur longueur, et que de là elles prennent, au contraire, toujours plus de largeur jusqu'au bout. La huppe de cet oiseau est composée de dix plumes très-apparentes ; elles ne naissent point sans ordre, mais sont implantées deux à deux : les plus courtes sont placées sur le haut du cou et les longues plus bas ; elles occupent ensemble un espace de plus de quatre pouces ; les plus grandes sont noires, principalement

LE MANGEUR DE SERPENS.

principalement à leurs extrêmités extérieures ; d'autres sont mélangées de gris et de noir ; toutes sont étroitement ébarbées à leur naissance, et s'élargissent toujours davantage ; enfin, elles ont absolument la forme d'une massue, et jouent au gré des vents et au moindre mouvement que fait l'oiseau, qui a aussi la faculté de les redresser à volonté.

La femelle diffère du mâle par sa couleur grise, moins nuancée de brun ; par sa huppe moins longue et plus mêlée de gris ; par son bas-ventre et les plumes de ses jambes plus traversées de rayures brunes ou blanches, et enfin par les deux plumes du milieu de la queue moins longues.

Dans le premier âge, le gris est nuancé d'une forte teinte roussâtre ; chaque plume des jambes est terminée par un liséré blanc, et le bas-ventre est entièrement blanc. La huppe est non-seulement courte, mais tout à fait d'un gris roussâtre, et les deux plumes du milieu de la queue ne s'étendent pas plus loin que les autres. Les proéminences osseuses des aîles ne paroissent pas du tout dans le jeune âge. Dans l'oiseau adulte, il faut soulever l'aîle pour les sentir, et elles ne sont absolument que des apophises du metacarpe.

L'AUTOUR HUPPÉ, N°. 26.

CET oiseau de Cayenne qui, par ses aîles courtes, sa grande queue et ses longues jambes, se rapproche beaucoup du genre de l'épervier et de l'autour, me paroît être un véritable autour d'une espèce nouvelle, à ajouter à celui que nous connoissions déja, et qui se trouve dans les différentes parties de l'Europe. Quant au prétendu petit autour de Cayenne, décrit par Buffon, et figuré dans ses planches enluminées, N°. 473, ce n'est certainement point un autour. Pour avoir également une idée exacte de la forme de notre autour d'Europe, il faut bien se garder de consulter les planches enluminées de Buffon, N°. 461 et N°. 418, qui représentent fort mal le port de cet oiseau. L'autour blond des naturalistes n'est rien autre que notre autour dans son enfance, nommé busard dans les planches de Buffon, No. 423. Ce même autour, dans son jeune âge, est aussi décrit par Brisson, comme un gros busard : erreur dont Buffon s'est apperçu. Je ne connois absolument encore que deux espèces d'autours; savoir, notre autour européen et celui de cet article, que j'ai donné dans les planches colorées de cet ouvrage, No. 26. Celui-ci diffère de notre autour non-seulement par des couleurs totalement différentes, mais encore par sa taille, qui est d'un bon tiers plus forte. Il est caractérisé par une touffe de plumes inégales, qui prennent naissance sur l'occiput et retombent sur le cou par derrière; ses tarses sont aussi entièrement emplumés: caractères bien suffisans pour distinguer ces deux espèces l'une de l'autre. Le dessus de la tête de cet autour américain est couvert de plumes noires, mais elles n'ont cette couleur que dans toute la partie qui se remarque quand elles sont naturellement couchées les unes sur les autres ; car le dessous en est blanc, et souvent ce blanc s'apperçoit pour peu que les plumes se dérangent. La huppe est également noire et blanche. Tout le derrière du cou est d'un roux foncé, et le devant d'un blanc sali de roussâtre ; une ligne noire qui descend du coin de la bouche sur les côtés du cou, sépare le roux de la nuque et le blanc de la gorge. Toute la partie antérieure du corps ; sur un fond blanc plus ou moins roussâtre, porte de larges taches noires ; les jambes sont barrées transversalement de noir et de blanc ; sur le tarse cette rayure est plus fine. Les aîles et le manteau, sur un fond brun sombre, sont nués d'une couleur noirâtre. Les petites couvertures du poignet de l'aîle se détachent l'une de l'autre par une bordure blanche. La queue porte de larges bandes noires, disposées sur la couleur brune de ses pennes. Le bec est bleuâtre, les doigts jaunâtres et les serres d'un noir de corne. La base du bec m'a paru roussâtre.

J'ai été à même de comparer cinq individus de cette espèce ; dont l'un est au Cabinet National de Paris ; un autre chez le cit. Holthuysen, à Amsterdam ; j'ai vu le troisième dans le cabinet de feu Mauduit, qui l'a décrit pour un aigle ; un autre chez le cit. Gaillard, marchand d'histoire naturelle, et enfin le cinquième est dans ma collection : je n'ai pas remarqué de différence sensible dans aucun de ces cinq oiseaux.

Les habitudes de cet autour ne nous sont pas connues ; mais si nous pouvons en juger par son bec qui est très-fort, ainsi que par ses grandes serres, il doit être un terrible destructeur de gibier, et seroit certainement bien propre à figurer dans une fauconnerie.

On trouve dans l'Encyclopédie méthodique la description de deux oiseaux de proie nouveaux, donné chacun sous le nom d'autour ; je ne les ai jamais vu en nature, ainsi je ne puis en parler ; mais Mauduit, qui a donné l'autour de cet article pour un aigle, peut également s'être trompé à l'égard de ces prétendus autours. Sonnerat a publié aussi la description d'un autour de Madagascar. Dans le nombre des oiseaux de proie que j'ai vu en Afrique, je n'en ai trouvé aucun qu'on puisse rapporter aux autours.

LE FAUCON CHANTEUR, N°. 27.

Le jaune de la base du bec ainsi que des pieds, des couleurs élégantes, et un chant soutenu, caractérisent un des plus beaux oiseaux de proie d'Afrique, celui que j'ai nommé Faucon chanteur. Un organe dont il paroît doué seul, exclusivement à tous les autres oiseaux de rapine, si nous en exceptons pourtant le vocifer (1), mérite bien de jouir d'une dénomination particulière, comme privilégié à cet égard; puisqu'en dénommant les objets d'histoire naturelle, on doit, autant qu'il est possible, chercher à les peindre par leur nom; cependant ce nom ne porte pas sur la configuration; mais nous pensons aussi pouvoir nommer les animaux d'après

(1) Voyez la description du vocifer.

leurs facultés, par la raison que l'histoire naturelle ne consiste pas seulement dans la partie descriptive, mais dans la somme des formes, des mœurs et des facultés. L'étude de ces rapports réunis devant être le but de tout naturaliste, il doit chercher à fixer les espèces par le trait le plus frappant de leur signalement physique ou moral; pendant que le nomenclateur ne s'attachera qu'à la description des couleurs; ce qui nous importe le moins de connoître avec autant de détails; car il est rare que deux oiseaux du même genre, et qui se ressemblent le plus par leurs plumages, n'aient pas quelque caractère différent qu'il soit aisé de saisir pour les distinguer l'un de l'autre, et c'est à quoi le vrai naturaliste doit s'attacher le plus, afin d'éviter cette confusion qui ne règne déja que trop dans les différens ouvrages sur les oiseaux.

Au premier coup d'œil, le Faucon chanteur pourroit être pris pour une grande espèce d'épervier; cependant on ne peut le ranger parmi ces oiseaux, car il a les ailes, proportionnellement, plus longues, la queue plus courte et le corps plus épais; mais, comme eux, il a le tarse fort long; ce qui l'éloigne un peu des faucons. Sa queue est étagée, les plumes extérieures étant d'un tiers plus courtes que celles du milieu. La tête, le cou, la poitrine et tout le dessus du corps, sont d'un gris de perle, plus foncé sur le sommet de la tête, les joues et sur une partie des plumes scapulaires, où elles prennent un ton brunâtre; les couvertures du dessus de la queue sont blanches; sur les côtés, elles sont rayées de gris brun et ponctuées de la même couleur. Le ventre est blanchâtre, rayé très-finement de gris-bleu clair; les rayures du reste du plumage sont plus séparées; elles sont d'un joli gris-bleu sur les jambes. Les grandes pennes de l'aile sont noires; chacune des plumes de la queue est terminée de blanc, celles du milieu sont noirâtres, les autres ajoutent à cette couleur de larges bandes blanches. L'iris est d'un rouge brun foncé. Le bec et les ongles sont noirs.

Cet oiseau est de la grosseur de notre faucon. La femelle diffère du mâle par sa taille, qui est d'un tiers plus forte ; la base de son bec et ses pieds sont encore d'un jaune plus foible : c'est principalement dans le tems des amours que ces mêmes parties, dans le mâle, prennent une couleur plus orangée et plus vive ; c'est alors aussi qu'il chante, ainsi que la plupart des autres espèces d'oiseaux chanteurs. Perché sur le sommet d'un arbre, auprès de sa femelle, qu'il ne quitte pas de toute l'année, ou bien dans le voisinage du nid où elle couve, il chante des heures entières, et d'une manière particulière ; comme notre rossignol, on l'entend le matin au lever du soleil, le soir au déclain du jour, et quelquefois durant toute la nuit. C'est pendant le tems qu'il chante d'une voix forte qu'on peut facilement l'approcher pour le tirer ; mais il faut que le chasseur, qui s'avance, s'arrête, demeure immobile, et ne fasse aucun mouvement dans l'instant où l'oiseau se tait pour reprendre haleine ; dans ces intervalles, il part et s'éloigne au moindre bruit ; mais, comme tous les oiseaux chanteurs, il semble s'écouter avec une sorte de complaisance, et n'entend plus ce qui se passe autour de lui ; toute sa sûreté est alors confié à ses yeux, qui sont très-clairvoyans. Assez généralement cet oiseaux se perche sur un arbre isolé, où il est impossible de l'approcher ; dans ce cas, le mieux est de l'attendre à la passade, dans un endroit où il soit accoutumé d'aller ; car c'est en vain que l'on tenteroit de le surprendre, puisqu'il part aussitôt que le chasseur s'avance vers lui.

Le Faucon chanteur fait une guerre cruelle et sanglante aux lièvres, aux perdrix, aux cailles, et généralement à tout le menu gibier ; il prend aussi les taupes, les souris et les rats. La rapine et le carnage sont des fonctions nécessitées chez lui par le besoin de satisfaire un appétit démesuré : j'en ai élevé un jeune que nous ne pouvions rassasier que difficilement. La femelle construit son nid dans l'enfourchure des arbres ou dans les gros buissons touffus ; sa ponte est de quatre œufs entièrement blancs et presque ronds. Dans des voyages tels que ceux que j'ai faits, on goûte de tout; j'ai mangé ses œufs, fraichement pondus ; et je leur ai trouvé un petit goût de sauvaigne ; le blanc cuit conserve une grande transparence et une teinte bleuâtre ; le jaune est d'une belle couleur rouge de safran, et le dedans de la coquille d'une couleur verte. Dans son jeune âge, le plumage du Faucon chanteur est mélangé de beaucoup de roussâtre.

Cette belle espèce se trouve dans la Caffrerie et tout le pays qui l'avoisine ; je l'ai rencontré aussi dans le Karow et le Camdeboo. La saison des amours est le seul tems où le mâle fasse entendre son chant, dont chaque phrase dure près d'une minute. Je n'ai jamais entendu chanter la femelle. Lorsque j'appercevois un couple de ces oiseaux, s'il m'arrivoit de tuer le mâle le premier, j'étois certain d'avoir bientôt la femelle, qui, par attachement pour son mâle, et le cherchant par-tout, l'appeloit sans discontinuer, d'une voix triste et lamentable, dont les accens m'indiquoient, à chaque instant, les lieux où elle passoit et repassoit sans cesse en vain, et où il suffisoit de l'attendre; car faisant peu d'attention à moi, elle sembloit s'offrir volontairement à la mort. Si, au contraire, j'avois tué la femelle la première, le mâle n'en devenoit que plus méfiant; il se retiroit sur le sommet des arbres les plus isolés, où il chantoit non-seulement tout le jour, mais pendant la nuit entière; et si je cherchois à le poursuivre, il quittoit tout à fait le canton et n'y rentroit plus.

LE FAUCON HUPPÉ, No. 28.

Cet oiseau me paroît approcher beaucoup de celui qu'Adanson a rapporté du Sénégal, et que les Nègres de ces contrées nomment *tanas* ; il est également huppé et son plumage ressemble infiniment aussi, tant par ses couleurs que par leurs distributions, à celui de notre faucon d'Europe ; mais il diffère cependant du tanas par la grandeur, puisqu'on lui donne une taille un peu moindre seulement que celle du faucon, tandis que mon Faucon huppé est beaucoup plus petit. Ce dernier a encore un caractère très-remarquable, et dont Buffon ne fait pas mention dans la description du tanas : c'est la mandibule inférieure du bec, qui non-seulement est garni, comme dans le tanas, d'un crochet très-apparent de chaque côté, mais de plus est tronqué net à son extrémité et coupé carrément. La figure que j'ai donné indique très-bien ce caractère; qui, s'il est le même dans l'oiseau du Sénégal, n'aura point été saisi ni par le dessinateur ni par Buffon. La huppe, dont il est aussi question dans la description du tanas, manque absolument dans la figure qu'on en a donné; et en tout, ce portrait ne se rapporte nullement à la description de cet oiseau, tandis qu'elle convient, au contraire, parfaitement à mon Faucon huppé, à la grandeur près; mais nous savons qu'il arrive souvent que dans le même pays les oiseaux varient beaucoup dans leurs tailles, à plus forte raison la même chose peut avoir lieu dans deux contrées aussi éloignées l'une de l'autre que le sont le Sénégal et le Cap de Bonne-Espérance. Il est donc probable que le tanas, ou faucon pêcheur du Sénégal, est de la même espèce que le Faucon huppé du Cap; et que la figure des planches enluminées de Buffon, N°. 478, qui est sensé représenter le tanas, est celle d'un autre oiseau de proie. Nous allons voir encore que les mœurs du Faucon huppé sont aussi les mêmes que celles du tanas : raison qui vient à l'appui de mes soupçons sur l'unité d'espèce de ces deux oiseaux africains. Mais comme la description du tanas n'est point assez détaillée, et que deux oiseaux peuvent bien se ressembler, et ressembler encore à un troisième, sans être cependant de la même espèce ; nous remettrons à prononcer plus affirmativement jusqu'au moment où nous aurons vu en nature le tanas du Sénégal ; en attendant, nous laisserons à cet oiseau de proie du Cap le nom particulier que je lui ai donné.

La huppe de ce petit faucon est très-apparente ; elle part du front et s'étend jusque passé le derrière de la tête, quand l'oiseau la couche ; il la relève souvent, et particulièrement quand il est animé, soit par la colère, ou par un sentiment plus doux, celui de l'amour : c'est dans ce moment sur-tout qu'il l'épanouit et l'étale pour plaire à sa femelle, à laquelle il paroît très-attaché. Dans cette espèce, le mâle est de la grosseur d'un pigeon ordinaire ; sa femelle est d'un grand quart plus forte, et sa huppe est moins longue ; du reste, ils se ressemblent beaucoup pour la teinte et la distribution des couleurs, qui sont sur tout le dessus du corps d'un gris-bleu ardoisé ; la huppe est brunâtre. La gorge, le cou et la poitrine sont d'un blanc sali ; tout le dessous du corps, sur ce même fond, porte des bandes transversales ; la queue est également rayée en travers. Les pieds et les doigts sont jaunes ; la base du bec est bleuâtre et la pointe en est noire, ainsi que les griffes qui sont très-effilées et fortes. De chaque côté de la bouche descend une balafre brune ; ses aîles ployées s'étendent au-delà du bout de la queue ; l'œil est d'un jaune orangé.

Le Faucon huppé fréquente les lacs, les bords de la mer et les rivières poissonneuses ; il ne chasse point, mais pêche, et se nourrit de tous les petits poissons et crabes qu'il peut attraper ; il s'accommode aussi d'oursins, de moules et d'autres coquillages, dont il brise l'enveloppe avec son bec qui est très-fort. Je l'ai vu poursuivre, avec acharnement, les mouettes, les hirondelles de mer, et même les albatros et les pélicans, oiseaux dont la grosseur et la force auroient dû lui en imposer ; mais tous le fuyoient également ; les hirondelles de mer paroissoient même moins le redouter que ces grands et lâches palmipèdes. Quand ce Faucon huppé s'est adonné à vivre sur les bords de la mer, c'est sur les rochers qu'il fait alors son nid ; dans les terres, il le construit sur les arbres qui bordent les rivières qu'il fréquente et qui lui procurent le plus abondamment sa nourriture. La ponte est de quatre œufs entièrement d'un blanc roussâtre. Le mâle partage les soins de l'incubation et ne quitte point sa femelle, dont il prend le plus grand soin, ayant l'attention de lui apporter amplement les fruits de sa pêche. Toute la petite famille vit long tems ensemble, et les jeunes ne se séparent que pour donner eux-mêmes leurs soins à une nouvelle postérité.

Les très-longues aîles du Faucon huppé paroissent devoir lui faciliter les moyens de chasser, car il a le vol très-rapide; mais jamais je ne l'ai vu prendre les oiseaux auxquels il donnoit la chasse; ce qu'il auroit pu faire facilement, puisqu'il les abordoit d'assez près pour leur donner des coups de bec et les faire crier; mais il m'a paru que c'étoit simplement pour les écarter du canton qu'il s'étoit choisi et dont il s'éloignoit très-peu lui-même.

Les jeunes diffèrent des vieux par une teinte fauve répandue sur tout leur plumage; le blanc sale de la gorge, du cou et de la poitrine est varié de roux et de gris-brun; la huppe ne paroît qu'au bout de quelques mois.

LE FAUCON HUPPÉ.

LE FAUCON A CULOTTE NOIRE

N°. 29.

L'OISEAU dont il est question dans cet article est encore un faucon d'Afrique, dont la taille est intermédiaire entre celles des deux faucons précédens. Ses aîles, moins amples que celles du faucon huppé, ne s'étendent pas plus loin que les deux tiers de la longueur de la queue. Le dessus de la tête et les plumes des jambes sont d'un noir-brun ; les pennes des aîles et celles de la queue ajoutent, à cette même teinte, une bordure blanchâtre, qui dessine leurs contours extérieurs, et les détachent les unes des autres. La gorge est blanche ; le manteau, ainsi que les couvertures des aîles, sont gris-brun, marquées de quelques traits plus foncés le long du milieu de chaque plume. Toute la partie antérieure du corps est d'un léger roussâtre, sur lequel sont répandues des taches brunes, formées en coups de pinceaux. Le bas-ventre et les recouvremens du dessous de la queue sont de la même couleur et tachés de même; mais les traits bruns qui s'y trouvent également sont plus déliés. Le bec, qui offre absolument les mêmes caractères que celui du faucon huppé, est jaune à sa base, et couleur de corne dans le reste. Les doigts, très-forts, portent des griffes noires; ils sont jaunes, ainsi que les tarses, qui se trouvent emplumés un peu au-dessous du talon. L'œil, très-vif, est d'un brun-noisette. La queue est un peu arrondie.

J'ai tué ce faucon dans le pays des Grands Namaquois; lorsque je l'apperçus il étoit posé sur un rocher et en train de dévorer un jeune lièvre, qu'il venoit sans doute de prendre à l'instant même; ce que je jugeai à la chaleur du petit animal, dont les membres étoient encore palpitans. Très-occupé à son repas, l'oiseau se laissa approcher, et je le tuai sur sa proie. Mon coup de fusil fit partir, à quelque distance de là, un autre oiseau de rapine, qui me parut un peu plus gros que celui que je venois d'abattre, et que je crus d'autant plus être sa femelle, que nous étions dans la saison où tous les oiseaux du canton étoient en amour, et que celui que j'avois tué étoit un mâle. Je guettai en vain cette femelle, que je vis passer et repasser à plusieurs reprises, évitant toujours de m'approcher; j'avois cependant laissé le levreau sur la place où le mâle s'étoit fait tuer, espérant qu'elle s'y abattroit aussi en l'appercevant. Toutes mes ruses n'aboutirent à rien, ne voyant plus reparoître son mâle, elle disparut entièrement. Je n'ai pas vu depuis un autre individu de cette même espèce. Mon vieux gardien Swanepoel m'a assuré cependant que cet oiseau étoit assez commun sur les *Sneeuw bergen* (Montagnes de neige); et qu'on le nommoit, dans ce canton, *klyne-berg-haan* (petit coq de montagne). Nous avons déja vu que ce nom de coq de montagne est celui que les colons du Cap donnent généralement à tous les oiseaux de proie un peu grands, et qu'ils ne regardent pas comme des vautours (*aas-voogel*). Quant aux plus petits, ils les désignent généralement par le nom de *valk* (faucon).

Nous allons, après avoir parlé d'un petit faucon indien, passer à des espèces plus petites d'oiseaux de proie d'Afrique, lesquels n'étant pas si robustes que les faucons, semblent destinées à remplacer, dans ces contrées éloignées, nos éperviers, nos cresserelles et nos hobereaux, enfin, tous ces oiseaux de proie de race moins noble, pour me servir de l'expression des fauconniers.

LE CHICQUERA, No. 30.

VOICI un petit oiseau de proie dont la mandibule inférieure du bec est absolument de la même forme que celle des deux faucons des articles précédens ; il ressemble beaucoup au faucon huppé par les couleurs générales du corps ; mais il n'est pas huppé. Cette espèce, que je regarde aussi comme un véritable faucon, n'a point encore été décrite ni figurée dans aucun ouvrage sur les oiseaux. Je l'ai trouvée dans une collection que j'ai achetée, et que tout m'assure avoir été faite au Bengal. *Chicquera* est le nom indien que cet oiseau portoit dans la note qui m'a été remise avec toute la collection : j'ignore ce qu'il signifie ; je sais seulement que c'est celui que les habitans de Chandernagor, où il a été tué, donnent à ce petit faucon, dont je n'ai vu que ce seul individu, qui a également servi à cette description et de modèle à mon dessinateur, qui l'a parfaitement rendu de grandeur naturelle, et tel enfin que je l'ai fait colorier dans les planches enluminées, N°. 30. La mandibule supérieure du bec porte, dans le Chicquera, deux crans très-marqués; ses aîles, dans leur situation naturelle, ne passent pas les deux tiers de la longueur de la queue, et cette queue est un peu étagée et arrondie. Ces trois caractères sont plus que suffisans pour ne pas faire prendre cet oiseau pour une variété de celui dont nous avons parlé sous le nom de faucon huppé. Il a le dessus de la tête et le derrière du cou d'un roux ferrugineux très-foncé; une foible teinte de cette même couleur se trouve répandue sur le blanc de la gorge, aux environs du bec, sur le devant du cou et sur le poignet de l'aîle. Tout le dessous du corps, sur un fond blanc, porte une légère rayure gris-noir; le manteau est d'un joli gris-bleu, dont la teinte forme aussi la base de la couleur de toutes les plumes des ailes et de la queue, qui sont de plus rayées transversalement. La queue est traversée, à son extrémité, d'une large bande noire, et elle se termine enfin par un blanc roussâtre. Le bec, si on en excepte sa pointe noirâtre, est du reste entièrement d'un jaune pâle. Les pieds et les yeux sont d'un beau jaune.

La note dont j'ai parlé n'indiquoit absolument rien sur la manière de vivre de cet oiseau, et ne faisoit pas mention non plus de son sexe.

L'ACOLI, N°. 31.

L'ACOLI est un oiseau de proie qui peut tenir sa place à côté de l'oiseau saint-martin (1), avec lequel il a infiniment de rapport : même taille, mêmes proportions, et les couleurs à peu près aussi les mêmes, feroient prendre cet oiseau pour n'être qu'une variété de l'oiseau saint-martin ; mais un caractère qui les distingue l'un de l'autre, c'est que l'Acoli a la base du bec d'un beau rouge, particulièrement dans le tems des amours, et qu'il a le ventre rayé.

L'Acoli, comme l'oiseau saint-martin, a le corps alongé et svelte, les jambes et les tarses longs, ainsi que la queue :

(1) Voyez les planches enluminées de Buffon, N°. 459.

caractères qui conviennent également aux éperviers; mais ceux-ci n'ont point les aîles longues, comme les oiseaux du genre de l'Acoli; ce sont, au contraire, de tous les oiseaux de proie ceux qui ont les pennes de l'aîle les plus courtes, si nous en exceptons pourtant les autours, qui ont également les aîles très-petites, et qui se distinguent à leur tour des éperviers par les tarses qui ne sont pas si longs que les leurs.

La couleur principale de l'Acoli est un beau gris-bleu pâle, répandu sur la tête, le cou et le manteau. Cet oiseau est très-culotté; c'est-à-dire, que les plumes qui recouvrent les jambes descendent fort bas, quoique le tarse ne soit point emplumé par lui-même. Toute la partie inférieure du corps est presque blanchâtre, et finement rayée, comme le faucon chanteur, avec lequel il ne faut point le confondre non plus : ce dernier est beaucoup plus gros; d'ailleurs, sa queue étagée le distingue de l'autre.

Il est encore à remarquer que dans les cantons où ces deux espèces se trouvent en même tems, jamais ils ne se mêlent ensemble. L'Acoli n'a qu'un cri aigre et ne chante point.

Dans la Colonie, cette belle espèce fréquente les terres labourées; dans les déserts, il habite les terres sablonneuses, et c'est sur une taupinière, une motte de terre ou une de ces voûtes que bâtissent les fourmis, qu'il se perche pour guetter les souris, mulots, taupes, et tous les petits oiseaux, dont il fait également sa proie. Cet oiseau vole très-bien et avec une grande vîtesse; mais son vol est toujours bas. Il est peu farouche, et se laisse assez facilement approcher; il suit le chasseur et vient de lui-même tourner autour de l'homme qu'il voit dans la plaine, afin de se jeter sur les alouettes qu'il fait lever sur son passage; ce qui facilite beaucoup le moyen de le tirer. Satisfait de sa chasse, l'Acoli se retire sur un buisson pour se reposer.

On voit communément le mâle et la femelle ensemble ; ils construisent leur nid dans les buissons ; la ponte est de quatre œufs, d'un blanc sale ; ils sont ovales, tandis que ceux du faucon chanteur sont presque ronds. C'est principalement dans le Swart-land, le Rooye-sand et les Vingt-quatre-rivières, où j'ai vu le plus communément l'Acoli ; pays où je n'ai jamais trouvé le faucon chanteur. Dans l'intérieur des terres, ce n'est que vers les rivières de Swarte-kop et le Sondag où j'ai vu l'Acoli ; à la vérité bien plus rarement que dans la Colonie, où il paroît que les défrichemens l'ont attiré.

Les colons du Swart-land nomment l'Acoli *Witte-valk* (faucon blanc) ; dans d'autres endroits, on le nommoit encore *Leeuwerk-vanger* (attrapeur d'alouettes). Il a le bec bleuâtre, et le tour du nez d'un beau rouge très-vif ; les yeux sont d'un jaune orangé, qui est aussi la couleur des pieds.

Les ongles sont noirs, ainsi que le bout du bec. La femelle est d'un bon tiers plus forte que le mâle; la base de son bec est d'un rouge terne.

L'ACOLI

LE TCHOUG, No. 32.

L'OISEAU nommé ainsi au Bengal, qui est son pays natal, est une seconde espèce étrangère d'oiseaux saint-martin, dont aucun naturaliste n'a encore fait mention, et qui tiendra naturellement sa place à côté de l'acoli d'Afrique. Il suffira de jeter un coup d'œil sur la figure exacte que j'ai donnée de ce bel oiseau de proie, pour être convaincu que je ne me suis pas trompé sur son genre. Il est absolument de la taille de notre oiseau saint-martin. Son bec est entièrement noir et fort luisant, particulièrement à sa base, d'où partent des poils roides de la même couleur, qui tous sont dirigés en avant et se recourbent après en l'air en recouvrant les narines; on remarque aussi des poils autour de la mandibule inférieure. Le Tchoug a la tête, le cou et tout le manteau d'un brun très-foncé, que l'on pourroit même appeler noir tant il est sombre et approche de cette dernière couleur, qui cependant, sur les plus grandes scapulaires, s'éclaircit tout à fait en un brun ordinaire; cette dernière teinte est répandue sur une partie des recouvremens des aîles, tandis que les autres sont d'un blanc-gris; plusieurs d'entre elles sont même à demi-blanches et brunes. Sur le derrière de la tête, on remarque une espace ou le noir, le blanc et le brun forment un mélange agréablement varié. Les grandes pennes des aîles sont noires, et les moyennes d'un joli gris de perle. Cette bigarrure de l'aîle fait un effet vraiment flatteur à l'œil. Le croupion, ainsi que tout le dessous du corps y compris les plumes des jambes qui pendent fort bas, et les recouvremens du dessous de la queue, sont du blanc le plus pur. La queue, dont toutes les pennes sont d'égale longueur, est généralement par-tout d'un beau gris-blanc roussâtre; les deux seules plumes du milieu portent chacune à leur bout une tache brune formant un croissant. Les tarses, grêles et longs, de cet oiseau, sont d'un jaune pâle; les doigts ont la même couleur, et sont armés de griffes noires. Je ne connois pas la couleur des yeux; la note qui m'indiquoit le nom et le pays de cette charmante espèce n'apprenoit absolument rien de plus sur son compte. J'observerai pourtant, d'après les connoissances que l'expérience m'a donnée sur les oiseaux, que je crois l'individu que je viens de décrire un oiseau encore dans son jeune âge, et dont la seconde mue n'étoit point achevée. Je fonde mes soupçons premièrement sur cette bigarrure de l'aîle, dont plusieurs des moyennes pennes et des recouvremens étoient mélangés d'autant de plumes brunes, que de noires et de blanches; secondement, les deux aîles ne portoient point absolument les mêmes distributions de couleurs: d'un côté, il y avoit, par exemple, plus de plumes noires, tandis que de l'autre, il y en avoit, au contraire, davantage de blanches et de grises : indice bien certain d'un oiseau en mue. Il s'agit de savoir maintenant laquelle des deux couleurs, du gris de perle ou du noir-brun, est la couleur de l'oiseau lorsqu'il est parvenu dans son état parfait. Je hasarderai encore mon idée sur cet article : l'oiseau étant en mue, devoit en même tems et perdre et refaire des plumes ; quelles sont celles qui tombent en mue? Tout le monde sait que ce sont toujours les vieilles ; c'est-à-dire, celles qui sont déja formées et dont le tuyau est par conséquent solide et dur. Or, toutes les pennes grises et les recouvremens blancs de l'aîle étoient dans cet état, tandis que la plupart des noires et des brunes étoient, au contraire, des plumes qui sortoient de leur tuyau, et dont une partie des barbes étoit encore enveloppée dans une petite pellicule blanchâtre. Je crois donc pouvoir assurer que le Tchoug du Bengal, dans son état parfait, doit avoir la tête, le cou, le manteau et les ailes entièrement noirs et le reste blanc. Quelques voyageurs nous apprendront un jour si je me suis trompé dans ma conjecture. Je suis bien porté à croire que cette espèce se trouve aussi au Cap de Bonne-Espérance; car je me rappelle avoir vu passer au-dessus de ma tête, pendant que nous étions en marche et que nous côtoyions la rivière Krom, dans le Lange-Kloof, un oiseau qui m'a paru absolument pareil à celui de cet article; du moins il lui ressembloit beaucoup; car je remarquai bien qu'il avoit le croupion et le ventre blancs, et toute la tête, le cou et les ailes noirs. Il vola très-près de moi; j'étois à cheval, et ne l'ayant apperçu qu'au moment où il me passoit, je ne pus assez vîte débarrasser mon fusil, que je portois en bandoulière; ce qui fut cause qu'il m'échappa. Au reste, il n'y auroit rien d'étonnant que cet oiseau se trouvât également au Cap et au Bengal; car j'ai rapporté de cette partie du monde bien d'autres espèces qui sont, comme on le verra, communes à l'Afrique et à l'Inde.

LE GABAR, No. 33.

Nous avons, à l'article de l'oiseau de proie que j'ai nommé acoli, fait mention de sa ressemblance avec le faucon chanteur, et nous avons en même tems indiqué leurs caractères distinctifs; voici maintenant une espèce d'épervier qui a le plumage encore plus ressemblant à celui du faucon chanteur, dont la taille égale, comme nous l'avons vu, celle de la soubuse, tandis que l'acoli lui étoit inférieur; le Gabar est plus petit encore que ce dernier, à peu près de moitié, puisqu'il n'est pas plus fort que notre épervier d'Europe. Nous insistons sur cette échelle de grandeur, parce que cette différence très-marquée est celle qu'on peut assigner et saisir le plus facilement au premier coup d'œil (1). On ne pourra donc confondre le Gabar ni avec le faucon chanteur, ni avec l'acoli. Un caractère très-distinctif de cet épervier africain, et qu'il a de commun avec nos éperviers d'Europe, c'est d'avoir les aîles fort courtes ; elles ne dépassent point les couvertures du dessus de la queue ; tandis que dans les deux précédentes espèces elles ont assez de longueur pour s'étendre par-delà le milieu de sa queue.

Le Gabar est vraiment un épervier qui remplace en Afrique l'espèce que nous trouvons répandue dans toute l'Europe, et qui ne se rencontre dans au-

---

(1) On sent bien que ces comparaisons de grandeurs sont faites de mâle à mâle et de femelle à femelle ; car sinon la femelle de l'acoli approcheroit, pour sa force, au mâle du faucon chanteur; et la femelle du Gabar au mâle de l'acoli. Ainsi quand je rapporte les tailles des oiseaux de proie d'Afrique à ceux d'Europe, c'est toujours eu égard au même sexe dans les deux espèces que je compare l'une à l'autre.

cune des parties de l'Afrique où j'ai pénétré, quoique Kolbe nous assure l'avoir vu au Cap; mais il est bien étonnant que de tous les oiseaux de nos contrées que ce voyageur dit avoir trouvés au Cap de Bonne-Espérance, je n'en ai vu aucun; tandis qu'il ne dit, au contraire, pas un mot de tous ceux que j'y ai trouvés et qui effectivement sont communs à l'Europe et à cette partie du monde, où ils n'ont pas subi la plus légère variation, ni dans leurs couleurs, ni dans leur manière de vivre. Je parlerai de tous ces oiseaux à mesure qu'il sera question des genres auxquels ils appartiennent.

Après avoir donné la description de l'espèce d'épervier que j'ai nommée Gabar, il me restera à parler, dans l'article suivant, d'une seconde espèce très-petite, mais très-différente, d'éperviers.

La taille du Gabar égale, comme je l'ai dit, celle de notre épervier; il est seulement moins alongé, parce que sa queue est un peu plus courte. Toute la partie supérieure du corps, la tête et les joues sont d'un gris-brun, plus foncé sur le manteau et à l'occiput. Les couvertures du dessus et du dessous de la queue sont blanches ; les grandes pennes des ailes sont brunes dans toutes les parties qui se voient quand elles sont ployées ; en dessous, elles ont toutes des bandes transversales ; les moyennes sont terminées de blanc. La queue, carrément coupée, est en dessus barré de brun foncé, sur un fond plus clair ; en dessous, elle l'est de blanc et de noir lavé. La gorge et la poitrine sont d'un gris bleuâtre. Tout le reste du corps et les jambes, très-culottées, portent une fine rayure de brun-clair sur un fond blanchâtre. Les yeux sont d'un jaune vif. La base du bec et les pieds ont une belle couleur rouge ; le bec est noir, ainsi que les griffes.

La femelle du Gabar est d'un tiers plus forte que le mâle : elle a les pieds et la base du bec d'un rouge moins vif.

Dans la saison des pluies, le mâle perd aussi beaucoup de la vivacité de son rouge. J'ai trouvé en septembre le nid du Gabar; il étoit posé dans l'enfourchure d'un très-gros mimosa, et construit en dehors de racines de petit bois flexible, et garni intérieurement de plumes. J'ai trouvé dans ce nid trois petits, aussi grands que le père et la mère : ils s'envolèrent à mon approche; mais après avoir tué les vieux, nous prîmes les trois petits, à qui je trouvai les pieds et la base du bec jaune; ils avoient aussi la poitrine et le manteau mêlés de plumes brunes, d'autres entièrement bleuâtres, d'autres encore tout à fait rousses, et plusieurs portoient ces trois couleurs ensemble. Tout le dessous du corps étoit rayé de fauve sur un fond blanc, sali d'une légère teinte roussâtre. En visitant le nid, j'y trouvai encore un œuf fort sale, mais en le lavant, il devint blanc; il est donc présumable que la ponte est ordinairement de quatre œufs, et qu'ils sont blancs; car je n'ai point apperçu la moindre tache sur celui qui étoit resté infécond, et qui étoit aussi gros que ceux de nos éperviers européens. Dans les trois petits il n'y avoit qu'un mâle.

Je n'ai trouvé le Gabar que dans l'intérieur des terres, sur les bords des rivières Swart-Kop et Sóndag; je l'ai pareillement trouvé dans le Karow, le Camdeboo, et enfin presque généralement dans tout le pays que j'ai traversé en revenant des montagnes de Neige au Bocke-Veld; mais je ne l'ai jamais apperçu dans les environs du Cap.

LE MINULLE, No. 34.

Un très-petit épervier d'Afrique, le moins grand sans doute de tous les oiseaux de proie de ce genre, bien inférieur encore à notre émerillon, est celui à qui j'ai donné le nom de Minulle. On reconnoît dans cette espèce les dimensions proportionnelles de l'épervier commun d'Europe, mais sur un bien plus petit modèle. La jambe et le tarse très-longs; l'extrémité des aîles dépassant à peine la naissance de la queue; la queue carrément coupée; la première penne de l'aîle plus courte que la quatrième : caractères qui tous conviennent également au Minulle et à notre épervier, et qui servent à le distinguer de l'émerillon, auquel un apperçu léger et vague pourroit induire à le rapporter.

Toutes les plumes qui recouvrent la

partie supérieure du corps sont d'une couleur brune, du moins dans toute la partie qui se laisse voir lorsqu'elles sont couchées et appliquées l'une sur l'autre ; mais intérieurement elles sont tachées de blanc. La gorge est blanche avec quelques petites taches brunes, sur le milieu de chaque plume ; la poitrine est de cette même couleur, mais les taches qu'elle porte s'agrandissent à mesure qu'elles descendent plus bas, et sont de la forme d'une larme dont la pointe est en haut. On remarque sur le bas-ventre des taches plus ou moins rondes, sur un fond blanchâtre ; sous la queue, ces taches prennent la figure d'un cœur. Les flancs et les plumes des jambes sont régulièrement rayés de brun-clair. Les grandes pennes sont brunes extérieurement et rayées de blanc dans leurs barbes intérieures ; les moyennes le sont dans le même genre, mais le blanc en est plus net et les bandes plus larges. Les petites couvertures du dessous des aîles, sur un fond roux, portent des petites taches brunes. La queue est en-dessus d'un brun uniforme, imperceptiblement bandé d'une teinte plus sombre; mais les barbes intérieures étant blanchâtres, ces bandes s'apperçoivent très-bien sur le dessous de la queue, où ils tranchent davantage. Cet oiseau a la base du bec et les pieds jaunes, l'iris d'un jaune orangé, le bec et les serres noirs.

Malgré sa petite taille, le Minulle possède toute la hardiesse et l'intrépidité des oiseaux de son genre; il attaque généralement tous les petits oiseaux, et en fait sa proie; mais comme, avec moins de force, il fait souvent une chaire plus commune, à défaut d'oiseaux, il vit d'insectes, et sur-tout de sauterelles et de manthes. Il ne souffre aucune pie-grièche dans son canton; plus fort qu'elles, il les chasse et les oblige à se fixer loin de son domaine, et c'est bien malgré lui qu'il y voit d'autres oiseaux de proie plus grands, car il ose souvent poursuivre les milans et les buses; l'extrême rapidité de son vol le mettant toujours à même d'éviter ces oiseaux, lorsqu'ils veulent revenir sur lui. Les corbeaux sont les ennemis après lesquels il paroît le plus s'acharner, sur tout quand il a des œufs à défendre contre leur voracité. Le mâle les poursuit en criant à peu près comme notre cresserelle, *cri-cri-cri—pri-pri-pri.* Le mâle et la femelle ne se quittent que rarement; ils font la chasse en commun, et construisent un nid sur les arbres; la femelle y dépose cinq œufs tachés de brun vers les bouts.

C'est sur les rives verdoyantes du Gamtoos, où j'ai tué le premier couple de ces petits éperviers, dont le mâle est représenté de grandeur naturelle dans les planches colorées de cet ouvrage. La femelle est presque le double plus volumineuse que le mâle; elle porte exactement la même livrée, à quelques teintes près, qui sont moins foncées sur son manteau, dans ses rayures et sur les taches de sa poitrine.

J'ai tué, depuis le Gamtoos jusque chez

chez les Caffres, sept individus de cette même espèce ; je les ai trouvés tous absolument pareils, et n'ai remarqué aucune différence sensible dans leurs couleurs respectives. Je n'ai jamais vu cet oiseau dans son jeune âge, et je n'ai été à même que d'examiner un seul de leurs nids, dans lequel j'ai trouvé cinq œufs. Ce nid, posé sur le sommet d'un mimosa, étoit travaillé avec des branches flexibles, entrelacées les unes dans les autres ; de la mousse et des feuilles sèches en revêtissoient l'extérieur ; tandis que le dedans étoit douillettement garni de laine et de plumes.

Le trait suivant, que je ne puis m'empêcher de rapporter, prouvera ce que j'ai dit de la hardiesse de ce petit oiseau de proie, dont la grandeur du mâle est à peu près celle de notre merle commun. Un jour que j'étois occupé, comme de coutume, à écorcher devant ma tente les oiseaux que j'avois tués, il passa au-dessus de ma tête un de ces éperviers, qui, ayant remarqué sur ma table plusieurs oiseaux, s'y abattit tout à coup, malgré ma présence, et m'en enleva un qui étoit déja préparé; il l'emporta dans ses serres, et fut bien étonné, après l'avoir plumé sur un arbre à trente pas de nous, de n'y trouver, au lieu de chair, que de la mousse et du coton; cela ne l'empêcha pas, après avoir déchiré la peau en pièces, de manger le crâne tout entier: seule partie que je laisse dans mes oiseaux préparés. Comme j'examinois avec plaisir cet oiseau arracher avec dépit tout ce qui remplissoit la peau bourrée qu'il m'avoit dérobé, il revint planer au-dessus de moi à différentes reprises; mais il ne s'abattit plus, malgré que j'eusse laissé exprès quelques oiseaux à sa portée; je suis persuadé que si à sa première tentative il avoit eu le bonheur de tomber sur un des oiseaux non préparés, il auroit infailliblement réitéré cette chasse, plus facile et plus com-

LE MINULLE.

mode pour lui; mais ayant été attrapé, il n'osa pas recommencer une seconde fois.

LE MONTAGNARD, No. 35.

Si la manie de rapporter les oiseaux étrangers à ceux de nos climats fait envisager celui dont il est question comme n'étant que la cresserelle d'Europe, un peu variée par l'influence d'un climat plus chaud ; je dirai que c'est une faute à ajouter à toutes celles qui n'ont été commises que par cette même manie des réductions, qui a fait déja tant commettre d'erreurs grossières à l'un de nos plus grands écrivains. Je me contenterai d'indiquer les différences que j'ai remarquées entre cet oiseau africain et notre cresserelle : différences qui me semblent assez considérables pour convaincre de méprise ceux qui seroient portés à regarder ces deux oiseaux comme ne formant qu'une seule et même espèce.

Le Montagnard est très-commun dans toute la Colonie du Cap de Bonne-Espérance, où les habitans lui donnent le nom de *Rooye-valk* (faucon rouge), ou *Steen-valk* (faucon de pierres). Il se trouve presque dans toute la partie de l'Afrique où j'ai voyagé; il fréquente les montagnes, particulièrement celles qui sont les plus couvertes de rochers; il y vit toute l'année, et ne quitte guère le canton qui l'a vu naître. Tous les petits quadrupèdes, les lésards et les insectes qui pullulent parmi les roches deviennent sa proie. C'est aussi parmi les roches les plus escarpées qu'il pose son nid à plat sans être abrité du haut. Ce nid, composé de brins de bois et d'herbes, est assez négligemment fait; on y trouve communément six, sept et même jusqu'à huit œufs entièrement du même roux foncé de son plumage. Cet oiseau, que j'ai nommé Montagnard, par rapport aux lieux qu'il habite préférablement à tout autre, a le cri aigre et perçant; il fait entendre son ramage, que l'on peut rendre par *cri-cri-cri—cri-cri-cri—cri-cri-cri*, répété précipitamment et d'une manière très-remarquable, toutes les fois ou qu'un homme ou qu'un animal quelconque approche de l'endroit où il se tient habituellement. Quand ils ont des œufs ou des petits, ils sont très-hardis et poursuivent à outrance tout ce qui approche des environs du nid.

Le Montagnard est un peu plus fort de taille que notre cresserelle d'Europe; sa queue n'est point aussi étagée que la sienne, et ses aîles ne s'étendent pas plus loin que le milieu de la queue; tandis que dans la cresserelle elles passent au-delà de son extrémité. La cresserelle mâle a la tête bleuâtre, et sa queue est de cette même couleur, terminée de blanc et d'une large bande noire; on ne trouve point cette couleur ni sur la tête ni sur la queue du Montagnard du Cap. La femelle de notre cresserelle a ces mêmes parties roussâtres, et ressemble par-là davantage à notre oiseau africain; mais elle a la queue rayée de beaucoup de petites bandes peu séparées les unes des autres, et le bout de cette queue est d'un blanc roussâtre, et se termine en dessus, comme celle du mâle, par une large barre noire. La queue de notre Montagnard est entièrement d'un roux clair, traversé seulement de quelques larges bandes brunâtres; elle n'est point barrée de de noir et n'est pas non plus terminée de blanc ou d'un blanc roussâtre. Le reste de la couleur du Montagnard se rapporte assez à celle de la cresserelle; cependant en comparant les portraits de ces oiseaux, on y trouvera encore assez de différence (1).

Je remarquerai en passant que la cresserelle se trouve également en Espagne et en Pologne: or, dans ces climats si différens elle n'a point variée; ainsi il

(1) Voyez les planches enluminées de Buffon, Nos. 401 et 471, qui sont celles de la cresserelle mâle et femelle.

n'est pas présumable qu'elle ait subi au Cap une telle variation; d'autant plus que la température du Cap approche de celle d'Espagne.

Le Montagnard a les ongles et le bec noirs, la base du bec et les pieds jaunes, la gorge blanchâtre, les joues et le derrière de la tête d'un léger roussâtre, nué de brun; tout le manteau est d'un roux foncé, sur lequel sont répandues des taches noires d'une forme triangulaire; la queue, d'un roux clair, porte des bandes brunes; le ventre et les jambes sont d'un gris-brun, avec une ligne noirâtre le long de chaque plume; la poitrine et les flancs, dont la couleur est d'un roux moins foncé que le dos, sont parsemés de taches longitudinales. Les pennes de l'aîle sont noires dans toute la partie visible, quand l'aîle est ployée; en dessous, elles sont rayées de blanc, et toutes les petites couvertures du dessous de l'aîle sont tachetées de noirâtre, sur un fond blanc plus ou moins sali de roux.

La femelle est un peu plus forte; son roux est moins foncé et les taches noires du manteau moins nombreuses.

LE BLAC, Nos. 36 et 37.

Si, comme je l'ai remarqué, nombre de fois, plusieurs caractères réunis de la conformation d'un oiseau facilitent les moyens de reconnoître la place qu'il occupe dans l'ordre que nos nomenclateurs méthodistes ont établi à leur gré; combien aussi ne se trouve-t-on point embarrassé quand ces caractères extérieurs ne s'accordent plus avec les habitudes et l'ensemble total de l'individu que l'on cherche à ranger dans un genre connu? Rien ne prouve d'une manière plus évidente combien les méthodes générales seront peu satisfaisantes avant que nous n'ayons une connoissance plus parfaite de toutes les espèces, et notamment des mœurs de chacune d'elle en particulier. Le défaut d'observations exactes sur cette partie des mœurs, la plus essentielle sans doute pour bien connoître la vraie place que tient chaque espèce dans l'ordre de la nature, a été totalement négligée jusqu'à ce moment; de-là toutes ces classifications adoptées par les uns, rejetées par les autres, et sans cesse contrariées et démenties par les ouvrages mêmes de ceux qui les ont établies. J'ai mainte et mainte fois remarqué par moi-même combien le premier coup d'œil sur l'ensemble général d'un oiseau, quand on est habitué à le voir et à l'examiner dans son état de nature, étoit décisif, plus certain et moins sujet à erreur, pour le rapporter à son genre, que la vérification détaillée des caractères génériques qu'il a plu à nos nomenclateurs d'établir, et cela souvent d'après l'examen d'un seul individu mutilé, dont ils n'avoient jamais vu que la peau mal rembourrée, et ignorant absolument jusqu'à la plus petite particuliarité de la manière de vivre de l'espèce dont ils parloient.

C'est non-seulement d'après ce coup

d'œil, et que j'ose dire très-exercé, que je me refuse de rapporter le Blac au genre du milan; mais encore par ses habitudes et sa façon de vivre, qui diffèrent totalement de celles de cet oiseau, avec lequel il tient cependant par sa queue fourchue et par ses longues ailes. Je lui trouve infiniment d'analogie avec l'oiseau décrit par Brisson, sous le nom de milan de la Caroline (1). Comme lui, il a le tarse proportionnellement plus court que le milan, et sa mandibule supérieure manque aussi du crochet de côté. Je laisserai donc le Blac avec ce prétendu milan de la Caroline; d'autant plus que leurs mœurs sont les mêmes, d'après ce que dit Catesby, qui parle de cet oiseau américain sous le nom d'épervier à queue d'hirondelle (2).

---

(1) Nous avons vu, à l'article du milan du Cap, que j'ai nommé parasite, que cet oiseau n'étoit point un milan.

(2) *Hitoire naturelle de la Caroline*, par Catesby, *planche IV*.

La queue du Blac est très-peu fourchue; car la plus longue plume de chaque côté n'excède que d'un pouce celles du milieu, qui sont les plus courtes; ainsi, par ce caractère, il ne ressemble point au milan de la Caroline de Brisson, dont les deux plus longues plumes de la queue sont de huit pouces plus longues que celles du milieu.

Le Blac mâle, que j'ai fait représenter dans la planche coloriée, No. 36, est de la taille de notre cresserelle femelle. Cet oiseau est facile à reconnoître par le noir de toutes les couvertures de ses ailes, le blanc de la partie antérieure de son corps, le gris roussâtre de son manteau, de sa tête et de son cou par derrière; les pennes des ailes sont d'une couleur cendrée plus ou moins foncée, et toutes sont terminées de blanc; les scapulaires le sont d'une ligne roussâtre fauve. La queue est blanche en dessous, et d'un gris nué de roussâtre par dessus; les deux plumes du milieu, plus entièrement de cette couleur, sont, ainsi que toutes les autres, terminées de blanc. Du noir couronne l'œil, qui est d'un orangé vif. Le même noir ombrage l'espace compris entre les narines et l'œil. Les serres sont noires, ainsi que la mandibule supérieure ; l'inférieure l'est seulement au bout ; sa base est jaune, ainsi que les doigts et le tarse, dont une partie du haut est emplumée et se trouve couverte par les culottes très-amples de cet oiseau. L'aîle ployée s'étend plus loin que le bout de la queue.

La femelle diffère du mâle par sa taille, qui est un peu plus forte ; son manteau est aussi d'une teinte plus bleuâtre ; le noir de ses aîles est moins foncé et son blanc est légèrement sali. Ces oiseaux nichent dans l'enfourchure des arbres : le nid, assez spacieux, est très-évasé ; de la mousse et des plumes en garnissent l'intérieur. La ponte est de quatre ou cinq œufs blancs.

En naissant, les jeunes de cette espèce sont d'abord couvert d'un duvet gris roussâtre, qui se remplace par des plumes, qui, sur le manteau, la tête et le derrière du cou, prennent une forte teinte roussâtre. Toute la poitrine est alors d'un beau roux ferrugineux, et le reste du blanc est teint légérement de cette même couleur. Voyez la pl. 37.

J'ai trouvé le Blac répandu sur toute la côte est d'Afrique, depuis le Duyvenhoeck, où je l'ai vu la première fois, jusque chez les Caffres, où il est moins commun qu'en-deçà; je l'ai vu aussi dans l'intérieur des terres dans le Camdeboo et sur les bords du Swarte-Kop et du Sondag. Il est toujours perché sur le sommet des arbres ou des plus hauts buissons, d'où on l'apperçoit de très-loin, par rapport à son blanc très-brillant au soleil. Son cri est des plus perçans, et il se plait même à le répéter souvent, et plus particulièrement lorsqu'il vole : ce qui le décèle et avertit de sa présence. Je n'ai jamais vu cet oiseau faire de mal aux petits oiseaux, quoique souvent il poursuit les pie-grièches seulement pour les éloigner du lieu de sa chasse, qui se réduit à celle des insectes, des sauterelles, et des manthes sur-tout, dont il fait un grand dégat. Il est hardi et courageux; car je l'ai vu s'acharner à poursuivre les corbeaux, les milans et obliger ces oiseaux, beaucoup plus forts que lui, à déguerpir des lieux qu'il s'est choisis, et où on le voit continuellement. Il est très-farouche et singulièrement difficile à approcher. La nature de ses alimens produit sans doute l'odeur de musc dont ses excrémens et son corps sont éminemment parfumés. Les dépouilles de ces oiseaux conservent toujours cette odeur dans mon cabinet, malgré celles des préparations dont je fais usage pour préserver les animaux de la voracité des insectes destructeurs.

Il paroît que le Blac habite une grande partie de l'Afrique; car j'ai vu, chez le citoyen Desfontaines, un individu absolument pareil qu'il avoit tué en Barbarie; je l'ai vu aussi dans un envoi d'oi-

LE BLAC

seaux venant directement des Indes ; il reste à savoir si cet oiseau n'y avoit point été envoyé d'ailleurs.

OISEAUX DE PROIE NOCTURNES.

LE CHOUCOU, No. 38.

En parlant des oiseaux de proie d'Afrique, nous avons, par un enchaînement naturel, parcouru toutes les grandes espèces, depuis l'aigle que j'ai nommé griffard jusqu'aux plus petites oiseaux de cet ordre ; nous allons maintenant faire connoître les oiseaux de proie nocturnes de ces contrées lointaines, lesquels semblent tenir à ceux de jour par une espèce que j'ai nommée Choucou. Cet oiseau participant également et des oiseaux de proie de jour et des chouettes, est bien propre

LE CHOUCOU.

à remplir l'intervalle qui paroissoit les séparer. Edwards est le premier qui nous ai donné la description et la figure d'une espèce de ce genre intermédiaire, sous le nom de *caparacochx de la baie de Hudson* ou de *hawk-owl*, chouette-épervier (1).

Le Choucou, par sa forme alongée, approche encore plus des oiseaux de jour que le caparachochx; il a la gorge, le cou par devant, la poitrine et généralement tout le dessous du corps, depuis le bec jusque sous la queue, y compris le dessous des ailes, les jambes, le tarse et les doigts, couverts de plumes soyeuses d'un blanc éblouissant; celles qui recouvrent les jambes sont fort longues et descendent si bas qu'elles couvrent entièrement les pieds, dont on n'apperçoit absolument que les ongles; ceux-ci sont noires, ainsi que le bec qu'on remarque à peine, tant il est environné, jusqu'aux narines, de plumes fines qui

---

(1) Edwards, tome II, page 62, planche LXII.

ressemblent à des poils. Les yeux ont une couleur orangée très-vive ; le dessus de la tête, le derrière du cou et le manteau sont d'un gris-brun roussâtre ; les couvertures des aîles ajoutent à cette même teinte des taches blanches ; toutes les pennes des aîles sont lisérées de blanc à leurs pointes. La queue est composée de douze pennes, dont les deux du milieu sont entièrement du même gris-brun que les aîles ; les autres, sur ce même fond, portent, dans leurs barbes extérieures, des bandes transversales d'un beau blanc ; les barbes intérieures de la queue étant blanches sans aucune rayure, elle est en dessous absolument de cette couleur.

Le Choucou a le corps mince, fluet et alongé ; sa tête est ronde, son bec très-petit et ses tarses fort courts ; il a tous les gestes et les mouvemens de tête de la chevèche et des chouettes en général, sans en avoir la stupidité. L'aîle ployée s'étend jusqu'au milieu de la queue, qui est étagée comme celle du coucou d'Europe, oiseau auquel il ressemble par sa forme alongée et par ses pieds courts : il n'a cependant qu'un doigt derrière et trois par devant; mais j'ai observé que le doigt extérieur se tourne quelquefois en avant, quand l'oiseau est perché; ce qui, joint à sa forme, pourroit le faire prendre pour un oiseau du genre des coucous. Nous remarquons la même particularité dans la chevèche et le scops, oiseaux de nuit qui tous deux se perchent souvent de cette même manière. J'ai remarqué également dans quelques autres oiseaux, dont le caractère des pieds est d'avoir les doigts placés deux à deux, qu'ils ramènent, au contraire, quelquefois en avant leurs doigts extérieurs de derrière; telle est l'habitude du touraco, dont souvent les doigts d'un des pieds sont posés d'une façon, pendant que ceux de l'autre le sont d'une manière différente.

Ce caractère de la conformation des doigts du Choucou appartient sans doute aussi au *hawk-owl* d'Edwards; mais ce naturaliste ne l'aura point saisi, parce qu'il n'a vu apparemment que la peau rembourrée de cet oiseau; sans quoi cette observation ne lui auroit certainement point échappée.

Les colons du pays d'Auteniquoi nomment le Choucou *nagt-valk* (faucon de nuit); au Cap on donne, comme je l'ai dit, à tous les petits oiseaux de proie le nom de *valk*.

Le Choucou ne paroît qu'après le crépuscule; et déja les oiseaux nocturnes se sont faits entendre de toutes parts, que celui-ci est encore dans sa cachette; ce n'est enfin qu'au moment où l'on commence à ne plus distinguer bien nettement les objets, qu'il se montre. On l'ent revoit voler avec une si grande rapidité, en rasant la terre, ou les arbres à la lisière d'un bois, qu'il échappe à l'œil le plus attentif à suivre ses mouvemens. J'ai vainement tenté d'en tuer un; et, quoique la grande habitude de la chasse m'ait rendu assez adroit lans cet exercice, j'avouerai pourtant ı'avoir pu parvenir à le tuer à coups le fusil; parce qu'il est impossible de e suivre assez de tems pour le viser lans l'obscurité; et sans le plus heu-eux des hasards, j'aurois probablement uitté l'Afrique sans avoir pu me pro-urer cette charmante espèce. J'étois ampé dans le pays d'Auteniquoi; mes entes étoient placées à l'entrée de la orêt, et regulièrement tous les soirs ous voyons voler près de nous deux iseaux auxquels j'avois en vain tiré au asard plus de trois cents coups de fu-il pendant l'espace d'un mois. Nous tions parvenu précisément dans cet ins-ınt où les pluies continuelles nous ayant ondés et mouillés de toutes parts, ous saisîmes un jour de soleil pour iire sécher tous nos effets moisis par humidité; j'avois de même fait éten-re à terre un filet de cailles pour le réserver; heureusement que, par la égligence de mes Hottentots, ce filet esta tendu toute la nuit, de sorte que le matin, en passant auprès pour aller chasser, j'apperçus mes deux oiseaux qui s'y étoient empêtrés, soit en rasant la terre, comme je leur avois vu faire pour attraper les insectes dont ils se nourrissent, soit peut-être en voulant saisir ceux qui s'y étoient eux-mêmes engagés. Je les débarrassai du filet, bien content d'avoir en ma possession ces deux jolis oiseaux, que je me doutai bien être ceux qui m'avoient déja tant coûté de poudre et de plomb aussi inutilement. Je les fis mettre dans une cage, où ils moururent au bout de trois jours, ayant constamment refusé de prendre aucune nourriture. J'étois certain que ces deux oiseaux étoient précisément les mêmes que j'avois en vain guetté si long-tems; car depuis cet instant il n'en reparut pas d'autres.

Quelque tems après, étant campé à Pampoen-kraal, j'apperçus un autre couple de ces mêmes oiseaux, que j'attrappai de la même manière, en laissant mon filet tendu toute la nuit. Com-

m

me les deux premiers s'étoient beaucoup salis dans la cage, je tuai et préparai aussitôt ces deux derniers, dont j'ai donné le portrait du mâle, de grandeur naturelle, dans la planche No. 38. La femelle, un peu plus petite, ne différoit de son mâle que par le blanc moins pur du dessous du corps. Je n'ai trouvé dans leur estomac que des débris d'insectes et des os d'une espèce de petite grenouille très-commune, qui se tient sur les arbres et les buissons. Dans aucun tems, je n'ai vu ni entendu ces oiseaux que la nuit. Edwards nous apprend que le hawk-owl chasse et vole en plein jour; ce que ne fait absolument point l'espèce que j'ai décrite, et j'assure même ne l'avoir jamais rencontrée ni apperçue pendant le jour, malgré toutes les recherches que j'en ai faites; tandis qu'il m'arrivoit souvent de faire lever tous les autres oiseaux de nuit: preuve certaine du soin avec lequel se cache celui dont nous parlons; ce qui me porte assez à croire que cette espèce se retire dans des trou d'arbres. Il est probable qu'elle y pon aussi, comme me l'ont certifié tous me Hottentots, qui m'ont même dit qu leurs œufs étoient blancs ; ce que j n'assurerai pas, ne les ayant point vus mais à une odeur très-particulière qu'on en général tous les oiseaux qui se retiren dans des trous d'arbres, et que j'ai remar qué à ceux-ci, j'ai tout lieu de présumer qu'en effet ils ont la même habitude (1).

Je n'ai trouvé le Choucou que dans le pays d'Auteniquoi ; mais j'ai apperçu mainte fois, vers le Sondag et le Swarte-Kop, ainsi que dans l'intérieur des ter-

(1) Il n'est pas douteux que les oiseaux qui nichent et se retirent dans des trous d'arbres, ont une odeur particulière qu'on ne trouve absolument pas dans les autres oiseaux. En mettant sous son nez un de nos pics et en même tems un autre oiseau, on se convaincra facilement de la vérité de mon observation. Les oiseaux de mer exalent aussi une mauvaise odeur huileuse très-reconnoissable; pendant que les sucriers et les guépiers sont, au

res, pendant le retour de mon premier voyage, plusieurs oiseaux voler le soir précisément de la même manière et avec la même vîtesse que le Choucou; mais ceux-ci m'ont paru être au moins le double plus grands. Je n'ai pu parvenir ni à en tuer ni à en prendre un, malgré que j'aie tendu mon filet exprès comme par le passé. Il est présumable que ces oiseaux de nuit appartiennent aussi à la même famille, et qu'ils formeront une troisième espèce à ajouter au caparacochx de la baie de Hudson et au Choucou d'Auteniquoi. Ce que j'ai dit de la rapidité du vol de ces oiseaux, apperçus vers le Sondag et le

---

contraire, parfumés d'une manière très-agréable, et que les martins-pêcheurs sentent le poisson cru. J'observerai que ceci n'a lieu que pour les oiseaux vivans ou nouvellement tués; car dans nos cabinets on conçoit bien que le camphre et les drogues qui servent à leur préparation doivent avoir détérioré et changé les odeurs naturelles de chaque espèce.

Swarte-Kop, prouve qu'on ne peut raisonnablement les soupçonner d'être une espèce d'engoulevent; ces derniers ayant le vol bien moins rapide et plus analogue enfin à celui des chouettes.

Pendant l'action du vol, le Choucou est très-criard; on l'entend sans cesse répéter, d'une voix pincharde, les syllabes *cri-cri-cri—cri-cri-cri—cri-cri-cri*, qu'il précipite d'une manière remarquable lorsqu'il passe près de l'homme ou d'un animal quelconque. Ces oiseaux sont peu farouches; ils m'approchoient de si près en volant, que je sentois, sur mon visage, le vent de leurs ailes. Les deux premiers Choucous, que j'ai gardés vivans l'espace de trois jours, restoient très-tranquilles pendant la journée; mais en revanche ils étoient en mouvement toute la nuit; la grande lumière paroissoit les gêner beaucoup, et lorsqu'il m'arrivoit de les placer au soleil, je leur voyois tout aussitôt fermer les yeux et cacher leur tête.

LE CHOUCOUHOU, N°. 39.

Cette chouette africaine est bien propre encore à remplir le très-petit intervalle qui paroissoit séparer le choucou des chouettes; sa queue, plus longue qu'elle ne l'est ordinairement chez les oiseaux de ce genre, est aussi étagée à peu près comme dans le choucou; sa tête est également moins grosse; son bec est de même d'une petite structure et se trouve presque entièrement caché dans les plumes poileuses qui environnent sa base et couvrent absolument les narines. Son corps, moins ramassé et plus svelte que celui des chouettes, est encore un caractère qui, joint à ceux dont nous venons de faire mention, font tenir à cet oiseau le milieu entre l'espèce précédente et les autres chouettes dont nous avons encore à parler.

Le Choucouhou est à peu près de la grosseur de notre moyen-duc ; mais il est cependant plus alongé, et ses pieds sont aussi plus longs. Ses aîles ployées s'étendent aux trois quarts de la longueur de la queue ; les tarses et les doigts sont couverts de plumes soyeuses très-déliées ; le bec et les ongles sont d'un brun-noir, les yeux d'un jaune de topase foncé. La gorge est ornée d'une espèce de collier ou plaque blanche. Le reste du plumage est agréablement varié en dessus de brun de différentes teintes, lequel, se dégradant insensiblement du ton le plus foncé au ton le plus clair, se trouve plus ou moins varié de blanc. La poitrine et le dessous du corps portent les mêmes couleurs ; mais elles sont plus regulièrement distribuées en une rayure festonnée, dont le fond blanchit à mesure qu'il s'approche du ventre et des jambes. Les plumes soyeuses qui couvrent les tarses et les doigts jusque sur les ongles, sont d'un gris blanchâtre. La queue est en dessous rayée de brun-noir et de blanc roussi; en dessus le blanc est plus pur et le brun moins foncé. Je renvoie mon lecteur à la figure que j'ai publiée de cet oiseau; ce qui lui donnera une idée plus parfaite de ses couleurs et de leurs distributions, que l'énumération exacte des différentes nuances de son plumage, dont le détail parfait seroit d'autant plus ennuyeux à lire que l'oiseau seroit plus exactement décrit.

Je n'ai rencontré le Choucouhou que dans le voisinage de la rivière d'Orange et chez les Grands Namaquois, pays où je l'ai vu très-fréquemment. Malgré que cette espèce de chouette ne se montre que durant la nuit, je l'ai pourtant maintefois apperçue étant à la chasse dans le bois, et j'ai remarqué qu'elle voloit très-bien en plein jour et pendant la clarté du soleil; mais pour l'appercevoir il falloit, ou qu'un coup de fusil l'eut fait lever, ou qu'on s'approchât de l'arbre sur lequel elle étoit perchée; je doute cependant que cette chouette chasse dans d'autres momens que le soir ou au point du jour ; car lorsqu'il m'arrivoit d'en rencontrer une en plein midi, tous les petits oiseaux l'entourroient et se jetoient sur elle, en la poursuivant jusqu'à ce qu'elle se fut cachée de nouveau, et elle ne leur faisoit aucun mal, paroissant, au contraire, fuir à leur approche, et s'éloigner d'eux sans chercher même à leur faire la moindre résistance ; seulement, de tems à autre, elle laissoit échapper un cri plaintif ; à peu près le même que celui que fait entendre notre effraie lorsqu'elle vole le soir. Elle faisoit aussi un craquement de bec fort particulier et qu'on entendoit d'assez loin.

Je n'ai pu rien apprendre de positif ni sur la ponte, ni sur la manière dont cet oiseau construit son nid. La femelle est un peu plus forte que le mâle ; mais elle en diffère d'ailleurs très-peu par son plumage, qui est seulement moins flambé de blanc. Les yeux m'ont paru d'un jaune un peu moins foncé. Lorsque nous étions campés, et que nos feux du soir étoient allumés, ces oiseaux venoient voler au-dessus de notre camp, et quelquefois leurs cris lugubres nous empêchoient de dormir ; mais nous les tuions facilement à la clarté du feu ou de la lune.

LE GRAND-DUC, N° 49.

Le Grand-duc du Cap de Bonne-Espérance me paroît absolument n'être qu'une variété de l'espèce que nous trouvons en Europe ; il a précisément les mêmes caractères et à peu près les mêmes couleurs ; il m'a semblé seulement un peu plus petit et plus ramassé ; il porte aussi deux espèces d'oreilles, formées par deux longues touffes de plumes qui s'élèvent de chaque côté du front, précisément au-dessus des yeux, et que l'oiseau a la faculté de relever quand il lui plait, mais qui la plupart du tems restent appliquées contre la tête. Ces espèces d'oreilles, sont le seul caractère distinctif par lequel on reconnoît des autres oiseaux nocturnes, ceux auxquels les nomenclateurs ont donné le nom de duc. Nous connoissons en France trois espèces différentes de ces oiseaux à plumes relevées sur la tête : savoir, le Grand-duc, le moyen-duc et le petit-duc ou scops. Non-seulement ces trois espèces se retrouvent en Afrique, mais elles paroissent généralement répandues dans tout l'ancien continent, où l'influence du climat a peu changé leurs couleurs ; car la différence la plus remarquable de leur plumage est d'être simplement plus ou moins foncé de brun ou taché de noir : variations que nous observons également dans les différens individus tués dans le même pays. Quant au Grand-duc de Virginie, décrit par Edwards, Buffon s'est mépris en le regardant aussi comme une simple variété de notre Grand-duc; j'ai examiné cinq de ces oiseaux du nouveau continent, et je leur ai trouvés des caractères très-distinctifs de ceux de l'ancien. Non-seulement les oreilles ou aigrettes, comme l'a très-bien remarqué Edwards, partent de la base du bec dans le Grand-duc de Virginie ou de la baie de Hudson; tandis qu'elles sortent directement au-dessus des yeux dans les autres; mais il y a aussi une différence marquée dans la construction des ailes de ces oiseaux et dans la longueur de leur queue : caractères que le climat ne change jamais. Nous remarquerons encore que le plumage du Grand-duc d'Amérique est rayé transversalement d'une manière très-regulière, tandis que dans notre Grand-duc il est taché suivant la longueur des plumes. J'ai examiné trente-deux Grand-ducs européens, et je n'en ai vu aucun de ce nombre dont les aigrettes partoient de la base du bec. Il se peut que dans la figure qu'Aldrovande a donnée du Grand-duc, le peintre ait placé les aigrettes sur le nez; mais ce n'est point d'après une mauvaise figure que l'on doit établir les caractères d'un animal; et Buffon a eu tort, d'après l'inspection de cette seule figure, de conclure que cette variété se trouvoit également en Europe. Au reste, ce n'est pas la première fois que nos ornithologistes ont donné aux oiseaux des caractères pris au hasard, soit d'après des dessins peu corrects, soit d'après les imperfections d'un individu mutilé, dont ils n'ont jamais vu que la peau mal préparée.

C'est sur les bords de la Rivière des Eléphans que j'ai trouvé, en Afrique, le Grand-duc. Il est un peu plus petit que ceux que j'ai vus en Europe ; il a généralement aussi plus de noir dans le plumage du dos et des ailes. Les yeux, le bec et les ongles sont absolument de la même couleur. La ponte est de trois œufs ; et c'est dans les rochers que la femelle les dépose, sur un tas de petites branches, mêlées de mousse et de feuilles sèches.

Le moyen-duc se trouve dans presque toute la Colonie du Cap de Bonne-Espérance ; il se retire et pond également dans les rochers ; on le rencontre souvent en plaine pendant le jour. Cette espèce a encore moins variée, dans le climat de l'Afrique, que celle du Grand-duc.

C'est dans le Camdeboo que j'ai trouvé le scops ou petit-duc. Ce charmant petit oiseau de nuit n'a absolument point varié en Afrique, ni pour la taille, ni pour les couleurs : il est parfaitement semblable à ceux que j'ai tués dans les environs de Paris.

J'ai également reçu de Cayenne un très-petit-duc qui m'a paru être de la même espèce que celui d'Europe et d'Afrique ; ses couleurs étoient simplement plus roussâtres.

LA CHOUETTE (*).

NOTRE Chouette ou grande chevèche, comme l'a nommé Buffon (1) d'après Belon, se trouve aussi au Cap de Bonne-Espérance, où elle est tout aussi commune qu'en France. Cette espèce est encore une de celles que l'on voit également répandues, non-seulement dans toutes les différentes contrées de l'Europe, mais se rencontre dans les autres parties du monde, où elle n'a pas varié d'une manière fort sensible. Les colons du Cap donnent généralement le nom hollandois de *uyl* à toutes les espèces de Chouettes indistinctement. Celle-ci est fort commune sur les montagnes,

(*) Je ne donne point la figure de cette Chouette, parce qu'elle ressemble absolument à celle que nous trouvons en France.

(1) Voyez les planches enluminées de Buffon, N°. 438.

et particulièrement sur celles qui sont garnies de rochers, dans les cavernes desquels elle se retire pendant le jour, et où elle couve et élève ses petits.

J'ai reçu de Cayenne une Chouette absolument pareille à celle du Cap et d'Europe.

J'ai ouï parler souvent aux colons du Cap d'une très-petite espèce de Chouette, sans oreilles ou aigrettes, que je n'ai jamais tuée, ni même apperçue. C'est probablement de la chevêche (1) qu'ils vouloient parler : il est même plus que probable que cet oiseau se trouve aussi en Afrique ; puisque toutes nos autres espèces de Chouettes s'y trouvent également. Cependant je n'assurerai pas que la hulotte ou le chat-huant (2)

---

(1) Voyez les planches enluminées de Buffon, N°. 439.

(2) *Idem*, N°s. 437 et 441. Buffon a fait très-gratuitement deux espèces de la hulotte et du chat-huant ; tandis que très-certainement son chat-huant n'est que la hulotte, dans son jeune âge, observation dont je suis très-certain, ayant élevé

habite cette partie du monde, ne l'y ayant jamais vu; je n'ai pas même entendu dire qu'elle se trouvât dans aucun canton de la Colonie.

L'effraie ou fressaie (1) est très-commune au Cap de Bonne-Espérance, où elle a moins variée encore que les espèces dont j'ai fait mention dans les articles précédens; car non-seulement elle y est absolument la même, mais on trouve qu'elle subit en Afrique les mêmes variations que dans nos climats glacés : je l'y ai vue avec tout le dessous du corps, ainsi que toute la face, d'une couleur roussâtre uniforme, qui est la livrée du mâle dans son jeune âge. Quelquefois le roux des parties inférieures se trouve parsemé de

---

plus de dix nichées de ces oiseaux. On voit que Frisch a eu grande raison de regarder l'un de ces oiseaux comme une simple variété de l'autre, malgré ces prétendus caractères par lesquels Buffon prétend les distinguer.

(1) Voyez les planches enluminées de Buffon, N°. 440.

traits noirs ; telle est la femelle dans son enfance. Adulte, le mâle a le dessous du corps d'un beau blanc, et la femelle porte des taches longuettes noires. Enfin, l'effraie ou fressaie est au Cap de Bonne-Espérance absolument le même oiseau qu'en Europe ; mais comme dans ce pays peu habité il n'y a ni vieux châteaux, ni vieilles tours, elle se tient dans les cavernes des rochers, où elle pond, sur un amas de branches et de feuilles sèches, sept à huit œufs blancs. On l'apperçoit rarement pendant le jour ; mais le soir elle se répand par-tout, et même dans la ville et sur les habitations à portée des rochers où elle se retire. Les colons, qui ont rapporté dans cette partie du monde les préjugés populaires de l'Europe, voient dans l'effraie le messager de la mort, et lui ont donné le nom de *doodvogel* (oiseau de la mort). Ils nomment les autres Chouettes *uylen*, nom hollandois de tous les oiseaux nocturnes en général.

Tout ce que nous venons de voir sur le peu de variations qu'ont subi les mêmes espèces de Chouettes en Europe et en Afrique, prouve assez que les différens climats ne changent pàs autant les couleurs que Buffon paroît l'avoir cru. D'ailleurs, nous verrons, dans tous les genres, beaucoup d'autres oiseaux d'Europe lesquels se trouvent aussi en Afrique, et sont restés les mêmes sans avoir subi aucune altération, ni dans leurs couleurs, ni dans leurs caractères.

Jusqu'ici nous avons vu le grand-duc, le moyen-duc, le scops, la Chouette et l'effraie; tous oiseaux qui n'étant certainement point voyageurs, habitent probablement l'Afrique, peut-être depuis la création du monde. Voilà donc déja cinq espèces bien constatées lesquelles sont restées sans altération, depuis les glaces du nord de l'Europe, jusque dans les chaleurs de la zone torride; car ces espèces ne sont pas seulement confinées au Cap même, mais se trouvent répandues dans l'intérieur de l'Afrique ; et sans doute jusque sous la ligne.

J'ai tué des effraies au Cap même ; j'en ai tué chez les Grands Namaquois, j'en ai reçu du Sénégal, de l'Amérique méridionale, de la Chine, et enfin une de Russie ; et je puis assurer n'avoir remarqué dans tous ces individus, quoiqu'ils aient habité des climats bien opposés, aucune différence sensible. Si, en effet, la nourriture et la température influoient si fort sur la couleur des oiseaux, comme le prétend Buffon à chaque page de son ornithologie, pourquoi trouveroit-on sous la ligne des oiseaux dont le plumage est aussi terne et aussi simple que celui de nos oiseaux d'Europe? Non-seulement ceci a lieu, mais il est à remarquer même que toutes les femelles des espèces les plus brillantes, telles que les colibris, les oiseaux mouches et les sucriers, ont des couleurs sombres et uniformes ; pendant que leurs mâles sont si vivement colorés qu'il semble que leurs plumes soient autant de pierres précieuses. Cependant ces femelles prennent certainement la même nourriture et habitent constamment et immédiatement la même température que leurs mâles. D'ailleurs, malgré que nos oiseaux ne soient généralement point aussi brillans, que de certains oiseaux des pays brûlans ; on voit cependant sur le plumage de beaucoup d'espèces des couleurs tout aussi vives que les leurs. Le rouge de nos pics et de notre chardonneret, le bleu de notre martin-pêcheur et du rolier, le jaune du loriot, l'éclat de notre étourneau et de la queue de la pie, ne le cèdent en rien à ces mêmes couleurs dans les oiseaux de l'Amérique ou de l'Inde.

LE HUHUL, N°. 41.

CETTE charmante et nouvelle espèce de chouette appartient au nouveau continent de l'Amérique méridionale, et se trouve à Cayenne, d'où je l'ai reçue; elle portoit au pied une petite notice ou étiquette, sur laquelle se lisoit *Chouette de jour;* ce qui prouve qu'elle vole et chasse en plein jour. A considérer la forme totale de cet oiseau, on remarque qu'elle paroît encore plus s'approcher des oiseaux de proie de jour que la chouette africaine que j'ai nommée choucouhou. Sa queue arrondie est fort longue, pour appartenir à une chouette. Sa tête n'est pas très-grosse non plus, en même tems que le bec est plus apparent que dans les chouettes ordinaires, puisque les narines sont entièrement découvertes, et seulement ombragées par quelques poils dirigés en avant : tous ces caractères, très-faciles à saisir, sont autant de marques distinctives qui placent naturellement le Huhul à côté du choucouhou d'Afrique, et même entre lui et le choucou, puisqu'il chasse en plein jour, et que son bec est plus en avant et ressemble davantage à celui des oiseaux de proie de jour. Dans cette espèce, les aîles ployées s'étendent un peu plus loin que le milieu de la queue, dont la dimension surpasse les deux tiers de la longueur totale de l'oiseau, qui approche de la taille de notre chouette d'Europe. Le Huhul a le bec, les doigts et les serres d'un beau jaune. Tout son plumage, sur un fond noirâtre, est richement coupé par des écailles blanches, plus larges dans les parties inférieures et tout le dessous du corps, que sur le cou et sur le dos. Le sommet de la tête est seulement ponctué de blanc. Les tarses sont couverts dans toute leur longueur de petites plumes noires, parsemées de taches blanches. Ces plumes, se terminant à la naissance des doigts de chaque côté, et se prolongeant ensuite sur celui du milieu, forment à cet oiseau des espèces de mitaines, telles qu'en portoient autrefois nos dames. Les aîles sont d'un brun de café brûlé ; les grandes pennes ont absolument la même couleur, et les moyennes se terminent, ainsi que toutes les petites couvertures des aîles, par une bordure blanche. La queue, d'un brun noirâtre plus foncé que les aîles, est, comme je l'ai dit, étagée ; toutes les pennes qui la composent sont terminées de blanc et rayées transversalement de trois bandes blanches ; mais ces bandes, ne correspondant point l'une à l'autre, donnent à cette queue l'air d'être un beau marbre noir veiné largement de lignes blanches. N'ayant pas vu cet oiseau vivant, nous ignorons absolument quelle est la couleur de ses yeux : je les ai supposés jaunes, en attendant que nous en sachions davantage. Je n'ai jamais vu que trois individus

individus de cette espèce, qui tous trois avoient été envoyés de Cayenne; mais il est probable qu'ils habitent très-avant dans l'intérieur du pays; car il n'y a que quatre ou cinq ans qu'il nous ont été apportés pour la première fois, et il y a déja long-tems que nous connoissons toutes les espèces des environs de cette colonie.

On voit cet oiseau dans la superbe collection du citoyen Raye, à Amsterdam; j'en ai un dans mon cabinet, et j'ai vu le troisième chez le citoyen Desmoulins, peintre.

LA CHOUETTE A COLLIER, N°. 42.

Voici encore une chouette américaine d'une espèce rare et peu connue, et dont je n'ai jamais vu qu'un seul individu. Ce bel oiseau, l'un des plus grands dans son genre, tient, pour la taille, le milieu entre notre grand-duc et la hulotte ; il est remarquable par deux larges sourcils blancs qui couronnent ses yeux et tranchent sur le fond brun chocolat de sa face. Cette couleur foncée est également celle du derrière du cou, du manteau et du dessus de la queue, dont les pennes sont toutes terminées par une bordure blanche, et portent des rayures de la même couleur qui les traversent. La poitrine est ceinte d'un large collier ou hausse-col brun ; la gorge, le devant du cou, ainsi que les flancs et

LA CHOUETTE A COLLIER.

les recouvremens du dessous de la queue, sont blancs ; les tarses et les doigts sont entièrement couverts de plumes soyeuses d'un blanc très-lustré. La queue est en dessous d'un gris blanchâtre rayé de brun foncé. Les couvertures des ailes et les scapulaires sont la plupart rayés de blanc-gris. Le bec est jaune à sa pointe et bleuâtre à sa base ; les griffes sont noires.

Tout ce que j'ai pu apprendre au sujet de cette belle chouette, c'est qu'elle avoit été tuée sur une plantation dans les environs de Surinam.

LA CHOUETTE A AIGRETTE BLANCHE, N°. 43.

QUOIQUE la chouette de cet article porte des aigrettes, j'ai cru devoir la séparer des espèces auxquelles les nomenclateurs ont donné le nom de duc; parce que ses aigrettes sont absolument placées différemment et ne se redressent point de chaque côté du front en forme de deux oreilles relevées, comme dans le grand-duc; mais retombent, au contraire, le long du cou. Ces aigrettes prennent naissance à la base du bec, couronnent les yeux, en se détachant un peu en dehors, et retombent jusqu'au bas du cou; les plumes qui les composent sont longues, flexibles et d'un blanc éblouissant: les premières sont les plus courtes et les dernières les plus longues. Cet oiseau, encore très-rare dans nos cabinets d'histoire naturelle, habite la Guyanne, d'où j'ai reçu directement celui dont je donne ici la figure. Il est de la taille de notre moyen-duc ; son bec est jaune, ses ongles sont bruns. Les aîles en repos atteignent le milieu de la queue, qui est arrondie par le bout, étant un peu étagée ; les tarses sont entièrement emplumés jusqu'aux premières articulations des doigts, dont la couleur est brunâtre. Tout le dessous du corps de cette chouette, depuis la gorge jusqu'aux recouvremens du dessous de la queue, porte une fine rayure brune sur un fond blanchâtre, sali de roux-clair sur les côtés du cou, sur la poitrine et sur les culottes. Le dessus de la tête, le derrière du cou, les scapulaires, le manteau, les pennes des aîles et de la queue sont généralement d'un brun-roux plus ou moins foncé, imperceptiblement rayé d'un brun plus sombre. Des taches blanches répandues sur quelques-unes des couvertures des aîles, des scapulaires, sur les barbes extérieures des premières grandes pennes de l'aile, ainsi que sur celles de la queue, tranchent agréablement sur le brun monotone et sombre de cet oiseau. Nous ignorons la couleur des yeux.

Je n'ai vu que trois individus de cette espèce, dont un est dans le cabinet de Gigot-Dorci; le second étoit dans la belle collection de feu Mauduit, qui a été achetée par le duc de Deux-Ponts, et le troisième se trouve dans la mienne.

LA CHOUETTE A MASQUE NOIR, N°. 44.

CETTE chouette est trop bien caractérisée par sa face entièrement noire pour ne pas lui laisser le nom que je lui ai donné : effectivement, elle paroît avoir la figure couverte d'un masque noir, lequel fait un effet d'autant plus remarquable, que tout le reste de son plumage par devant consiste en un duvet cotonneux d'un beau blanc. Le derrière de la tête, du cou et les scapulaires sont également blancs, et ne portent absolument aucune tache quelconque. Les aîles et la queue sont brunâtres : on remarque sur quelques-uns des scapulaires et des recouvremens des aîles plusieurs taches blanches et d'autres noires. Les pieds sont entièrement emplumés, de même que les doigts ; le bec est noirâtre, ainsi que les griffes ; la queue est très-courte dans cette espèce, et les ailes ployées ne la dépassent point. Cette rare chouette est tirée du cabinet de Gigot-Dorci, seule collection où je l'aie vue.

J'observerai que j'ai cru remarquer, au plumage de cet oiseau, qu'il avoit été tué, non-seulement au moment de la mue, mais que l'individu étoit encore dans son jeune âge ; il est donc possible qu'adulte cette espèce porte quelques couleurs différentes. Il n'est guère présumable que, dans cet état, l'oiseau dont nous parlons soit un jeune de quelques-unes des espèces de chouettes d'Amérique dont nous avons fait mention dans les articles précédens ; quoique cependant Dorci m'ait assuré que celui-ci lui avoit été vendu pour un oiseau de Cayenne ; mais nous savons qu'en général les marchands en imposent souvent sur le nom des pays d'où viennent les objets d'hist oire naturelle qu'ils nous vendent ; non pas à la vérité pour nous induire simplement en erreur, mais pour donner plus de prix à leurs marchandises : aussi combien de simples variétés d'une espèce très-commune, n'ont-elles pas été payées fort chèrement parce qu'on les faisoit passer pour être arrivées ou de la Chine ou des îles de la mer du Sud? noms favoris des marchands, parce que nous connoissons peu l'histoire naturelle de ces pays lointains. En tout cas, si l'individu dont nous venons de parler est effectivement arrivé de Cayenne, et qu'il soit seulement le jeune âge d'une des espèces dont nous avons fait mention, nous présumons que ce sera plutôt de celle que nous avons nommée huhul, que d'aucune des autres ; mais je penche très-fort à le croire le jeune d'une chouette particulière et distincte dont nous ne connoissons point encore l'espèce dans son état parfait. Ceci nous prouve combien il seroit essentiel que les voyageurs s'attachassent à nous donner l'histoire suivie de chaque oiseau en particulier, depuis son enfance jusqu'à l'âge fait. La connoissance parfaite ne fût-ce que d'une seule espèce bien étudiée dans les divers états par où elle passe successivement, depuis le premier âge jusqu'au moment où elle a acquise tout le développement qui lui est propre, seroit bien plus utile, pour composer par la suite une histoire générale des oiseaux, que ces nombreuses collections formées de beaucoup d'individus isolés, sur lesquels on ne nous apprend absolument rien de particulier.

LA CHOUETTE A MASQUE NOIR.

LA CHOUETTE BLANCHE, N°. 45.

J'AI vu cette belle chouette dans la magnifique collection d'oiseaux du cit. Raye de Breukelerward, à Amsterdam. Il ne faut pas confondre cette espèce, ni avec le grand-duc blanc de Sibérie, dont plusieurs auteurs font mention, et qui, suivant eux, n'est qu'une variété de notre grand-duc ; ni avec le harfang : voyez les planches enluminées de Buffon, N°. 458. La Chouette blanche, dont il est question, n'est point cette variété du grand-duc, devenu blanc par l'influence d'un climat froid ; car elle ne porte point d'aigrettes relevées sur la tête, comme les ducs ; d'ailleurs, les aîles du grand-duc n'atteignent que le bout de la queue ; et dans notre Chouette blanche, elles le dépassent de plusieurs pouces : caractère bien remarquable, et qui la distingue encore du harfang, qui a la queue beaucoup plus longue et dont les aîles ne vont pas au-delà de la moitié de son étendue. Le harfang a la tête petite, et notre Chouette blanche l'a, au contraire, fort grosse ; enfin, le harfang est plus grand que notre Chouette blanche, qui, quoique aussi grosse que notre grand-duc, est cependant plus courte et plus trapue encore que lui. Voilà les caractères distinctifs de ces trois chouettes bien établis ; ainsi je crois que nous pouvons conclure, avec certitude, que cette Chouette blanche est une espèce particulière et différente de celles avec lesquelles nous l'avons comparée : on ne sera donc pas tenté, je pense, de les confondre ensemble.

On ne peut donner un nom plus convenable à cette chouette que celui par lequel je l'ai désignée ; car tout son plumage est entièrement d'un blanc de neige, sur lequel se remarquent seulement quelques petites taches noires très-rares, répandues sur quelques couvertures des aîles et sur deux des grandes pennes. Les plumes soyeuses qui couvrent les tarses et les pieds sont si touffues qu'on n'apperçoit absolument aucun des doigts; on voit seulement le bout de toutes les griffes, qui sont noires ; le bec est aussi de cette couleur. J'ignore le pays d'où vient cet oiseau ; mais il est probable qu'il habite quelque climat froid.

LA CHEVECHETTE, No. 46.

VOICI, sans contredit, la plus petite de toutes les espèces de chouettes connues, puisqu'elle est d'une taille inférieure à notre scops ou petit-duc, et par conséquent bien plus petite encore que notre chevèche, à qui elle ressemble pourtant beaucoup par la couleur du plumage. La figure que j'ai donnée de cet oiseau le représente de grandeur naturelle ; il a le bec jaune et les griffes d'un brun-noir ; les aîles ne dépassent pas l'origine de la queue. Des poils longs et roides partent de la base du bec et de la gorge en se dirigeant en avant. La queue de cette chevèche est assez longue, vu la petitesse de l'oiseau : ce dernier caractère le distingue parfaitement de notre chevèche, qui a la queue très-courte et dont les aîles en atteignent le bout. La Chevechette a le plumage d'un brun sombre sur la tête, les aîles et la queue. Cette couleur est égayée, dans ces mêmes parties, par plusieurs taches blanches, qui sont beaucoup plus nombreuses et plus petites sur le front et sur les joues; sur les aîles les taches sont plus remarquables. La queue est traversée de quatre bandes blanches. La gorge et le cou par devant sont d'un blanc varié de brun-clair, ainsi que le ventre et les recouvremens du dessous de la queue. La poitrine et le sternum sont couverts de plumes brunes, variées d'un blanc sali. Les tarses et les doigts sont entièrement emplumés.

Je ne connois pas le pays de cette jolie petite chevèche, qui se trouve aussi dans le cabinet du citoyen Raye, à Amsterdam. L'individu que j'ai dans mon cabinet me vient du citoyen Dufrêne, aide-naturaliste du Muséum National d'histoire naturelle.

ENGOULEVENS.

L'ENGOULEVENT A QUEUE FOURCHUE, Nos. 47 ET 48.

Nous avons cru devoir placer ce genre d'oiseaux directement après les chouettes ; car ils sont, en effet, des oiseaux nocturnes, et peut-être même le sont-ils réellement plus que beaucoup de chouettes, dont plusieurs espèces, comme nous le savons, volent et chassent en plein jour ; tandis que ceux-ci, au contraire, se tenant très-cachés pendant que le soleil est sur l'horison, ne commencent à se montrer qu'avec le crepuscule, et rodent pendant toute la nuit pour faire la chasse aux insectes, dont ils font leur unique nourriture. Nous aurions donc plus naturellement dû commencer l'histoire des oiseaux nocturnes par le genre des engoulevens, crapauds-volans ou tette-chèvres, pour me servir des noms vulgaires le plus généralement adoptés depuis plusieurs siècles, et que Buffon a rejetés dans ses descriptions (1), pour y substituer celui d'engoulevent, que nous adopterons aussi, pour ne pas faire encore un nouveau changement. Nous nous permettrons pourtant d'observer que, malgré qu'il puisse être vrai que ces oiseaux volent quelquefois la bouche ouverte en poursuivant les insectes dont ils se nourrissent; très-certainement ils n'engoulent pas plus de vent que les poissons et les oiseaux plongeurs n'avalent d'eau lorsqu'ils poursuivent leur proie dans les rivières; et quand même il seroit vrai que ces oiseaux avalent plus ou moins de vent, leur but ne tendant réellement qu'à attraper des insectes, qu'ils engoulent en effet tout entiers,

---

(1) Quoique Buffon ait adopté le nom d'Engoulevent, en parlant de ce genre d'oiseaux, toutes les planches qui les représentent portent dans son ouvrage les noms mêmes qu'il a rejetés.

sans les macher, le nom d'engoule-insectes leur conviendroit infiniment mieux que celui d'engoulevent.

Il est encore très-vrai que l'ancien nom de crapaud-volant n'a été donné à l'espèce de ces oiseaux qu'on trouve en France, que par rapport à son cri, lequel imite, à s'y méprendre, un des sons que fait entendre le crapaud dans les soirées d'été. Il n'est donc pas étonnant que le peuple, voyant ou entendant voler, pendant la nuit, un animal dont le cri est le même que celui du crapaud, lui ait appliqué le nom de crapaud-volant; comme il a donné celui de chauve-souris ou souris-volante à d'autres petits animaux, dont les cris approchent de même beaucoup de ceux des souris. La large bouche et la tête platte de cet oiseau doivent aussi avoir contribué à son nom de crapaud. Le nom de tette-chèvre dérive encore de certaines habitudes de notre engoulevent, que beaucoup de naturalistes de cabinet ignorent probablement; mais, en revanche, il n'y a pas un naturaliste chasseur, ni aucun berger habitué à parquer les moutons et les chèvres, qui ne sache que l'engoulevent fréquente les parcs de ces animaux; non pas à la vérité pour tetter les brebis ou les chèvres, mais pour prendre les insectes qui s'amassent en grand nombre dans ces lieux infectes, par rapport aux crottins et à l'urine qui en attirent plusieurs espèces différentes. Les bergers, les enfans et beaucoup d'autres personnes sans doute, voyant habituellement ces oiseaux s'abattre parmi les moutons et les chèvres, comme ils le font en effet à tout moment; et ignorant d'ailleurs ce qu'ils y faisoient, auront naturellement présumé qu'ils tettoient les mères: de là est venu le nom populaire de tette-chèvre, qui est celui de cet oiseau dans beaucoup de pays. En Hollande, il est connu sous la même dénomination; car, en hollandois, *gyte-melker* et *gyte-zuyger* signifient également tette-chèvre.

Je n'ai trouvé dans l'intérieur de l'Afrique que deux espèces d'engoulevens, et qui toutes deux sont des espèces nouvelles.

L'un de ces oiseaux est très-grand ; c'est celui de cet article, celui enfin que j'ai désigné par sa queue fourchue : caractère qui, jusqu'à ce moment, est unique dans ce genre ; car il est de toutes les différentes espèces dont les nomenclateurs aient fait mention, le seul dont la queue soit de cette forme : ainsi on ne pourra pas le confondre avec le grand crapaud-volant des planches enluminées de Buffon, N^c. 325, ou le grand engoulevent de ses descriptions. L'Engoulevent à queue fourchue est encore plus grand que ce dernier, à qui Buffon donne vingt-un pouces de longueur ; celui dont nous parlons en a vingt-six, depuis le bout du bec jusqu'à l'extrémité de la plus longue plume de la queue, laquelle est la dernière latérale de chaque côté ; puisque la queue est fourchue, comme je l'ai fait observer plus haut. Le bec de ce grand Engoulevent est d'une largeur étonnante, et finit par un petit croc, qui ressemble plutôt à une griffe qu'au bout d'un bec d'oiseau. Ce qui prouve combien peu la nature a voulu que ces oiseaux engoulassent tant de vent, en poursuivant les insectes, c'est qu'il n'en est point dont la bouche se ferme mieux. En effet, la construction de son bec est si bien combinée, que la mandibule inférieure recouvre au coin de la bouche, par un petit rebord saillant, la supérieure, qui après emboîte en recouvrement l'inférieure, laquelle s'y enclave jusqu'à un cran très-prononcé qu'on voit à celle d'en haut, et après le quel celle-ci se rétrécit tout à coup pour s'emboîter ensuite elle-même dans l'extrémité de la mandibule inférieure, qui à son tour la recouvre de nouveau en la débordant, et se trouve ensuite surmontée par le bout supérieur qui l'arrête fortement en se courbant par dessus en forme de croc. Il résulte de cette parfaite union des deux mandibules que, lorsque la bouche est fermée, l'oiseau paroît avoir un très-petit bec. Au reste, ceux qui s'imaginent que ces oiseaux volent toujours la bouche ouverte, se trompent, je crois, très-lourdement; car ils se posent souvent à terre pour y ramasser les insectes; et s'il leur arrive d'en prendre en volant, il est fort inutile qu'ils l'aient pour cela continuellement baillante. Nous voyons les guêpiers, les martinets, et toutes les espèces d'hirondelles, prendre les insectes en volant, et nous ne leur voyons ouvrir le bec qu'au moment où ils sont assez près d'eux pour les happer. Il est donc probable que l'engoulevent en fait de même; et la nature, qui ne se trompe jamais, et ne fait rien en vain, auroit-elle construit son bec avec tant de soin, l'auroit-elle fermé aussi hermétiquement, si l'oiseau devoit toujours l'avoir ouvert pour se procurer sa nourriture? Nous avons fait représenter de grandeur naturelle le bec ouvert et fermé de ce grand Engoulevent, pour qu'on puisse mieux saisir sa construction particulière. Les méthodistes ont cru remarquer beaucoup d'analogie entre les hirondelles et ces oiseaux de nuit; de manière même que plusieurs d'entre eux leur ont donné le nom d'hirondelle à queue carrée. Si ces mêmes savans avoient connu l'espèce dont nous parlons, ils auroient été bien plus confirmés encore dans leurs opinions; puisque, comme beaucoup d'hirondelles, elle a effectivement la queue fourchue, et même d'une manière très-remarquable ; les deux plumes les plus courtes du milieu de la queue étant de moitié moins longues que les deux dernières latérales.

Quoique cet Engoulevent africain ait vingt-six pouces de longueur, son corps n'est pas plus gros ni plus long que celui de notre chouette ordinaire, le cou et la queue occupant plus des deux-tiers de la longueur totale de l'oiseau. Les narines sont placées directement contre la base du croc supérieur du bec ; elles sont cachées chacune par un petit faisceau de plumes poilues qui les débordent en se dirigeant en avant ; et quand le bec est fermé, elles se trouvent encore recouvertes par les rebords saillans du bout de la mandibule inférieure. Les yeux sont très-grands et d'un brun sombre ; ils sont environnés, par dessus seulement, d'un rang de cils fins et peu apparens. Les tarses sont si courts dans cet oiseau, qu'ils ne paroissent presque point ; ils n'ont enfin tout au plus que trois à quatre lignes de longueur. La plante du pied est très-large ; les trois doigts de devant étant réunis jusqu'aux premières articulations par une membrane ; le doigt de derrière est également très-épaté, et ne peut absolument pas se tourner en avant, comme on le dit de plusieurs autres espèces du même genre. Nous avons donné aussi la figure du pied de cet oiseau, vu par dessous. Les ongles et le bec sont brunâtres, et les doigts jaunes par dessous et d'un brun terreux en dessus. Les aîles ployées s'étendent aussi loin que les plus longues plumes de la queue ; elles ont ensemble quarante pouces d'envergure. Quant aux couleurs de cet oiseau, elles approchent beaucoup de celles des autres espèces connues d'engoulevens : c'est du brun plus ou moins foncé, agréablement

agréablement varié de noir, de roux et de blanc. Je remarquerai seulement que le blanc est plus répandu sur le ventre, sur la queue et sur les grands recouvremens des ailes, ainsi que sur les scapulaires et les couvertures du dessous de la queue. Le noir occupe sur la poitrine plus de place, les taches y étant plus larges que par-tout ailleurs. Les pennes des ailes sont brunes, et portent une espèce de marbrure plus apparente sur les barbes extérieures; et c'est principalement sur la queue où cette marbrure fine est la plus agréablement variée. La gorge est roussâtre, barrée en travers de lignes noires. Les plumes, dans cette partie, sont à barbes rares et désunies entre elles; plus bas, sur le devant du cou, elles se terminent toutes par un long poil noir. Les petites couvertures des ailes sont d'un brun-maron rayé de noir. Au reste, je renvois mon lecteur à la figure que j'ai publiée de cet oiseau, qui lui en fournira une idée bien plus parfaite que la description la plus détaillée que je pourrois en donner, et qui seroit aussi ennuyeuse à faire qu'à lire.

J'ai trouvé l'Engoulevent à queue fourchue sur les bords de la Rivière des Lions, dans le pays des Grands Namaquois. C'est même par le plus grand hasard que je me suis procuré le mâle et la femelle de cette espèce. Chassant un jour sur les bords de cette rivière, étant accompagné de mon Klaas, nous fûmes assailli par un orage et une pluie affreuse, qui nous contraignirent de nous retirer sous de très-grands mimosas qui la bordoient. En jetant les yeux de côté et d'autre, nous apperçûmes un fort gros arbre mort, dont la tige, presqu'entièrement creuse, contenoit un vaste trou qui communiquoit dans tout le corps de son tronc vermoulu. Espérant trouver quelques insectes sous l'écorce de cet arbre, nous nous en approchâmes ; mais à notre arrivée nous entendîmes, dans son intérieur, une espèce de bourdonnement sourd ; ne sachant ce que ce pouvoit être, nous primes quelques précautions pour nous assurer à quel animal nous avions à faire; craignant, à bon droit, que ce ne fût une nichée de serpens; et nous ne fûmes pas peu surpris quand nous vîmes que c'étoient deux très-gros oiseaux, que nous tirâmes l'un après l'autre du trou, très-contens de notre bonne fortune. Je les ai conservé vivans pendant une couple de jours. La clarté du soleil paroissoit les offusquer tellement qu'ils ne cherchoient pas du tout à s'enfuir pendant le jour; mais aussi pendant la nuit ils faisoient un vacarme affreux dans un très-grand panier où je les avois renfermés.

Je n'ai pas revu, depuis ce moment, d'autres oiseaux de la même espèce. Ils faisoient entendre, durant la nuit seulement, une espèce de chevrottement gutural, *gher-rrrrrrr — gher-rrrrrr*, qu'ils exprimoient en ouvrant considérablement leur bouche, dans laquelle on auroit introduit une grosse pomme. La langue de cet oiseau est très-petite et elle est placée presque à l'entrée de la gorge.

Il paroît que cette espèce n'est point, à beaucoup près, aussi commune que celle dont nous allons parler dans l'article suivant. Dans ces deux oiseaux pris vivans, il y avoit un mâle et une femelle. Cette dernière étoit un peu plus grosse, et du reste ils ne différoient l'un de l'autre que par une teinte plus forte et sur-tout plus mélangée de noir sur la poitrine et sur les pennes de la queue du mâle, où la marbrure en zigzag paroît distribuée par bandes alternatives, l'une brune marbrée de noir, et l'autre blanche marbrée de noir; d'où il résulte absolument le même travail et les mêmes nuances que ceux qu'on remarque dans les ailes d'une grande partie de nos phalènes, notamment celle nommée le zigzag. La femelle n'auroit probablement pas tardé à pondre, car dans sa grappe d'œufs il y avoit déjà plusieurs jaunes de la grosseur d'une petite noisette. Les testicules du mâle, très-petits pour un oiseau aussi fort, étoient d'une couleur noir bleuâtre. Cette particularité d'avoir les testicules noires

Pl. XXIV. Tom. I. Pag. 316.

L'ENGOULEVENT A QUEUE FOURCHUE.

est fort rare chez les oiseaux ; car dans plus de douze cents espèces que j'ai examinées, je n'en ai trouvé que deux chez lesquelles elle eut lieu. Comme je n'ai été à même d'observer qu'un seul mâle de l'espèce de ce grand Engoulevent à queue fourchue, je ne puis assurer que mon observation convienne à tous les mâles de la même espèce ; mais quant à l'autre oiseau, comme il est très-commun dans l'intérieur de l'Afrique, je l'ai vérifiée dans plus de cent individus mâles.

L'ENGOULEVENT A COLLIER, N°. 49.

On remarque dans cette petite espèce d'engoulevent africain plusieurs des principaux caractères de celui de l'article précédent : même forme de tête et de bec, de grands yeux, la bouche fort ample et le bout du bec très-petit ; voilà quels sont les caractères d'analogie. Voici maintenant ceux qui les différencient : dans la petite espèce, le bec ne ferme point aussi hermétiquement ; la queue est coupée carrément au lieu d'être fourchue ; les mandibules sont bordées de très-longs poils roides et plats, qui, étant dirigés en avant, garnissent et ferment l'ouverture de la bouche par les côtés ; de sorte que quand l'oiseau l'ouvre pour se saisir de sa proie en volant, ces poils empêchent les insectes de s'échapper par les côtés, une fois qu'ils sont engagés dans la grande ouverture que présente cette bouche lorsqu'elle est béante. Les aîles ne s'étendent qu'aux trois-quarts de la longueur de la queue, et les tarses sont aussi beaucoup plus longs.

L'Engoulevent à collier est à peu près de la taille de notre engoulevent d'Europe : il est distingué par un large collier blanc qui couvre sa gorge ; lequel collier s'étend, en s'élargissant sur les côtés, où il prend une belle couleur orangée, variée de noir ; un trait blanc qui part du coin du dessous de l'œil, se prolonge jusque sur le collier. Les premières pennes de l'aîle portent chacune une petite tache blanche vers leur milieu ; celles de la queue sont également tachetées de blanc ; mais ces taches sont beaucoup plus grandes, principalement sur les premières pennes latérales. Tout le plumage est agréablement varié de brun, de noir et de blanc, sur un fond plus ou moins grisâtre. La femelle diffère du mâle d'abord par la taille, car elle est un peu plus petite ; son collier est d'un blanc roussâtre, et elle n'a point ces plumes orangées que porte le mâle au bas de son collier ; les taches du bout de la queue sont chez elle absolument salies de roux au lieu d'être blanches. Les yeux sont bruns chez tous les deux.

C'est en septembre que ces oiseaux entrent en amour. Pendant ce tems-là, le mâle chante d'une manière très-particulière, et d'une voix si forte que lorsque j'avois le malheur d'être campé dans le voisinage de la demeure d'un de ces oiseaux, il m'étoit impossible de dormir. C'est principalement une heure après que le soleil est couché, et quelques heures avant son lever, qu'ils commencent à se faire entendre ; et dans les belles nuits ils chantent sans discontinuer jusqu'au point du jour. J'ai essayé nombre de fois de notter ce ramage, mais il m'étoit plus facile d'en contrefaire quelques passages que de l'exprimer par l'écriture ; cependant à force de le recommencer, et d'avoir séparement répété les différentes phrases, je crois l'avoir saisi, autant bien qu'il soit possible de le faire. Je transcris ici, d'après mon journal, celui qui m'a paru le plus approcher de la vérité : *Cra-cra, ga, gha-gha-gha ; haroui, houi, houi-houi ; glio-ghó, ghoróo-ghoróo ; ga, ha-gach, hara-ga-gach, ah-hag, ha-hag ; harioo-go-goch, ghoïo-goïo-goïo.* Les finales en ghorôo étoient toujours chantées d'un ton plaintif très-bas, et sembloient absolument partir de la gorge ; tandis qu'au contraire celles en a, et sur-tout les terminaisons en ach, avoient un éclat inconcevable, et montoient successivement chacune de quelques tons plus haut que celle qui la précédoit ; la mesure du nombre de ces finales en ach étoit subordonnée, à ce qu'il paroît, au besoin qu'avoit l'oiseau de reprendre haleine ; car lorsqu'il s'étoit dominé dans le commencement de la phrase, il en exprimoit quatorze de suite, dont le dernier montoit au moins de quatre octaves plus haut que le premier, et de là, retombant tout à coup en ghorôo d'un ton vraiment mélodieux, la phrase se terminoit en goïo-goïo. Les sons harouï, houï-houï, étoient remarquables par une sorte de tremblottement, qui les accompagnoit toujours; lequel n'étoit dû qu'aux battemens d'ailes qui très-certainement les accompagnoient; et s'il étoit possible d'apprécier le langage des oiseaux d'après les tons plus ou moins expressifs qu'ils donnent aux différens sons qu'ils font entendre, j'oserois assurer que c'est par cette phrase harouï, houï-houï, que celui-ci exprime à sa compagne les sentimens tendres qu'elle lui inspire; du moins, dans les momens de silence qui séparoient les phrases entières du chant, je n'entendois plus que ces mêmes accens entremêlés d'un certain frémissement d'aise qui sembloit annoncer l'instant du plaisir.

Cet oiseau chante pendant l'espace à peu près de trois mois; la saison des amours passé, on ne l'entend plus ; et il ne conserve le reste de l'année qu'un cri très-analogue à celui de notre engoulevent. Comme lui, on ne l'apperçoit pendant le jour que lorsqu'en passant près de sa retraite on le force à se lever ; en partant il n'a cependant point l'air de ne pas voir clair, car il se dirige très-bien à travers les arbres.

La femelle pond deux œufs qui, comme je l'ai dit, sont blancs ; elle les dépose à terre sans aucune précaution, et presque toujours dans le milieu d'un sentier. Le mâle couve tout aussi bien que sa femelle ; et quand ils sont occupés à cette fonction, ils ne se dérangent que lorsqu'on est prêt à mettre le pied sur eux ; et pour peu que l'on ait l'air de passer à côté, ils ne bougent pas, et jamais je n'ai manqué de tuer d'un coup de baguette l'Engoulevent dont j'avois découvert les œufs ; il me suffisoit pour cela de prendre ma direction de manière à passer seulement à deux pieds d'eux, et de bien ajuster l'oiseau en passant. Quand je ne touchois pas aux œufs, je les retrouvois toujours à la même place; mais s'il m'arrivoit de les manier, l'oiseau les transportoit ailleurs, et jamais il ne m'est arrivé de retrouver dans les mêmes environs ceux qui avoient été dérangés de place. Curieux d'observer la manière dont ces oiseaux s'y prenoient pour faire ce déplacement, je montai un jour sur un arbre à portée de deux œufs que je venois de découvrir dans le milieu d'un sentier très-étroit. Je les maniai tout exprès. L'oiseau qui le premier revint pour se mettre dessus, et que je reconnus pour être la femelle, se posa d'abord à terre à quelque distance des œufs, dont elle s'approcha en avançant de plusieurs pas; mais s'étant apperçue qu'ils avoient été touchés, elle en fit plusieurs fois le tour, ayant la tête appuyée le plus près possible des œufs; de manière qu'elle marchoit de côté. Lorsque cette opération fut faite, elle fit plusieurs cris, en battant des aîles et de la queue, en même tems qu'elle avoit la poitrine appuyée contre terre. A ces accens, le mâle arriva tout aussitôt, se posa à côté de sa femelle, et se mit aussi à répéter les mêmes cris et les mêmes mouvemens. Après quoi, tournant l'un et l'autre à plusieurs reprises tout autour des œufs, ils s'en saisirent chacun d'un, qu'ils prirent dans leur bouche, et disparurent tous deux. J'espérois retrouver la couvée à quelque distance sur le même sentier; mais, malgré toutes mes recherches, et quoique j'aie suivi le sentier à travers la forêt entière, je n'ai revu ni les oiseaux, ni les œufs, que j'aurois certainement reconnus, ayant bien examiné l'un d'eux, sur lequel il y avoit une petite tache de sang, fort remarquable.

Les œufs de cet oiseau sont entièrement blancs, et ils sont d'une fragilité étonnante; leur coquille est si mince qu'on les casse pour peu qu'on les manie sans précaution. Je n'ai jamais vu ceux de notre engoulevent européen;

mais s'ils sont de la même fragilité que ceux du petit Engoulevent africain, je doute très-fort que c'est seulement en les poussant que chez nous ces oiseaux les changent de place, quand on les a dérangés dans leur ponte.

Je n'ai point vu l'Engoulevent à collier dans les environs du Cap. En revanche, il est très-connu sur les bords du Gamtoos, dans le pays d'Auteniquoi et notamment vers la baie Lagca ou Blettenberg; j'en ai tué en deux soirées neuf, tant mâles que femelles, autour du parc des moutons d'une habitation du colon Critsinger, que j'ai trouvé établi près de cette baie, sur les bords du Witte-Drift. J'ai revu encore la même espèce sur les rives du Swarte-Kop, du Sondag, et dans les bois de mimosas du Camdeboo. Dans ce dernier canton, les habitans lui donnoient le nom de *Nagt-uyltje* (petite chouette de nuit). Ces oiseaux ne se nourrissent absolument que d'insectes, et notamment de ceux du genre des bouziers; et j'ai très-bien remarqué qu'ils se posoient à terre pour s'en saisir. Il se peut, et il est même probable, qu'ils en attrappent aussi en volant; mais j'ose assurer qu'ils en prennent beaucoup moins de cette manière. Les insectes dont ils se saisissent en volant sont la plupart très-petits, et restent empêtrés dans une salive épaisse, gluante et fort abondante, qui les retient à mesure qu'ils sont pris; il paroît même que ce n'est que lorsqu'il y en a un certain nombre d'englués qu'ils sont avalés en masse; car je n'ai point tué de ces oiseaux que je n'aie trouvé contre tous les parois de leur palais beaucoup de très-petits insectes, dont souvent les plus apparens n'étoient pas plus gros qu'un puceron ou une puce. Ceci prouve, d'une manière incontestable, l'excellence de la vue de ces oiseaux, puisque, dans l'obscurité, ils peuvent voir d'aussi petits objets, lesquels échapperoient, en plein jour, à la plus excellente vue d'homme. Les gros insectes sont avalés aussitôt qu'ils sont pris, et sont gobbés en entier et même tout en vie.

La conformation des pieds courts de cet oiseau, jointe à ce qu'il a de très-petits doigts, l'oblige à se poser préférablement à terre plutôt que sur les arbres ; cependant lorsqu'il s'y perche, c'est toujours sur les branches basses et les plus *horisontales*, parce qu'il y trouve le même à-plomb ; et comme il aime à avoir la queue appuyée, lorsque la branche ne lui présente pas une surface assez grande dans sa largeur, il se pose suivant sa longueur. Il est probable que cette habitude est commune à toutes les espèces de ce genre. Au reste, les Engoulevens ne sont pas les seuls oiseaux à qui cela arrive ; les perroquets ont la même habitude, et beaucoup d'autres oiseaux, notamment les oiseaux de proie, se reposent de même. On voit encore très-souvent les tourterelles marcher sur une des grosses branches basses d'un arbre, et la suivre dans toute sa longueur, pour peu qu'elle soit inclinée.

CORBEAUX.

LE CORBIVAU, No. 50.

Un oiseau d'Afrique analogue au corbeau par la forme de son corps, par celle de ses pieds, de ses doigts, dont celui du milieu est uni par une membrane avec l'intérieur, jusqu'à la première articulation, et dont les plumes de la base du bec sont tournées en avant et couvrent les narines; mais très-différent de ce même corbeau par son bec, par la longueur de ses aîles et par sa queue étagée, c'est le Corbivau. Cet oiseau me semble remplir une partie de l'intervalle que laissent entre eux le genre des corbeaux et celui des vautours. Le Corbivau est cependant, dans tout son ensemble, plus voisin des premiers : il se rapproche seulement des vautours d'Afrique que j'ai décrits, par la dimension de ses ailes, qui, ployées, dépassent la queue de trois pouces; par sa queue étagée et par la forme de son bec, comprimé latéralement, convexe en dessus, très-courbé et arrondi; c'est-à-dire, se relevant comme celui du caffre et de l'oricou, à mesure qu'il se prolonge, en même tems qu'il se courbe progressivement : ces caractères distinguent le Corbivau de tous les corbeaux décrits. Si quelques voyageurs nous apportent à l'avenir plusieurs espèces analogues au Corbivau, on pourra tirer le nom spécifique de celle-ci de la tache blanche qu'elle porte sur la nuque, et qui tranche fortement sur le noir lustré qui est la couleur unique de tout le reste de son plumage, si on excepte un trait blanc qui part des côtés de cette large tache blanche du derrière du cou, et qui ceint la poitrine. Ce cordon, très-peu apparent, n'est formé que par une seule rangée de plumes blanches, ou mi-partie de blanc, dont on ne voit que les bords extérieurs. La gorge est d'un noir moins prononcé que le reste du corps, et toutes les plumes qui la couvrent sont fourchues, les barbes dépassant leurs tiges comme si on en avoit coupé la pointe : caractère fort remarquable et que je n'ai vu que dans peu d'oiseaux. La queue du Corbivau, comme je l'ai dit, est étagée; les plumes des côtés étant les plus courtes. Les pieds sont noirs, ainsi que le bec qui l'est entièrement à l'exception de son bout qui est blanc. L'iris est d'un brun noisette. La taille du Corbivau est inférieure à celle de notre grand corbeau, et tient le milieu entre cette espèce et la corneille mantelée, vulgairement nommée corbeau gris. J'observerai encore que les ongles du Corbivau sont plus forts et plus crochus que ceux des corbeaux en général.

La description que je viens de faire du Corbivau montre que ce genre de corbeaux, si je puis m'exprimer de la sorte, a quelques rapports de forme avec les oiseaux de proie. Les observations que j'ai faites sur ses mœurs et sur sa manière de vivre vont présenter les mêmes traits d'analogie.

Vorace, criard, hardi, social et immonde, il imite le corbeau par son goût pour la charogne, dont il fait le fond principal de sa nourriture, et se réunit en troupes quelquefois très-nombreuses et très-bruyantes. Ces oiseaux poussent des cris rauques et graves, les mêmes à peu près que ceux du corbeau, et qui concourent singulièrement avec sa forme et ses mœurs, à l'idée d'un être sauvage, dur et dégoûtant, que nous nous faisons des corinacées, d'après l'ensemble de leurs attributs déplaisans et lugubres.

Aux habitudes dont je viens de faire mention, le Corbivau joint un appétit marqué pour une proie vivante ; il attaque et tue les agneaux, les jeunes gazelles, et les dévore après avoir commencé par leur arracher et les yeux et la langue : on le voit poursuivre les troupes de buffles, de bœufs et de chevaux, enfin, le rhinocéros et l'éléphant lui-même. Le goût de la chair et du sang le conduit à la poursuite de tous ces grands quadrupèdes, sur le dos desquels ils sont continuellement perchés en grand nombre. Le Corbivau seroit pour ces animaux un oiseau de rapine meurtrier et dangereux, s'il avoit la force nécessaire pour les égorger ; mais impuissant contre leur cuir robuste et solide, il se borne à plonger son bec dans les blessures de l'animal, dans les parties supurantes de son corps, où le cuir est entamé par les pustules qu'ont fait les poux de bois et sur-tout les taons, en déposant leurs œufs dans l'épaisseur de leur peau. Si donc ces quadrupèdes souffrent ainsi le Corbivau perché sur leur dos, c'est que réellement c'est un service que son instinct sanguinaire leur rend ; service qu'ils reçoivent avec une sorte de plaisir ;

puisqu'ils le souffrent et lui permettent d'enlever à coups de bec ces larves développées et pleines de sang, dont le nombre est quelquefois si grand sur certains animaux que j'en ai vu plusieurs d'entre eux périr de maigreur.

Le Corbivau vole avec force, plane et s'élève très-haut, au moyen de ses longues aîles. Il niche en octobre ; construit son nid dans les grands buissons ou sur les arbres : ce nid vaste et creux est composé de branches, et garni intérieurement de matières douillettes. La ponte est de quatre œufs verdâtres, tachés de brun.

Le Corbivau n'est point un oiseau de passage ; il séjourne constamment toute l'année dans le canton qui l'a vu naître. Je l'ai trouvé généralement partout dans le cours de mes voyages en Afrique ; il est cependant des cantons où il est plus communs que dans d'autres ; tel, par exemple, que chez les Grands Namaquois ; il est plus rare aux environs de la ville du Cap, mais abondant dans le

Swarte-Land, où on le voit se mêler avec une autre espèce très-commune, dont je parlerai sous le nom de corneille à scapulaire blanc. Les colons nomment cet oiseau *ring-hals-kraey* (corbeau à collier). La femelle est un peu plus petite que le mâle ; le blanc de son collier est moins étendu ; son noir est aussi moins lustré et paroît, en général, plus rembruni.

LE

LE CORBIVAU.

LE GRAND-CORBEAU, No. 51.

Le corbeau de cet article a tant de rapport avec notre corbeau de la grande espèce, celle décrite par Buffon sous le nom pur et simple de corbeau, et dont il a donné une mauvaise figure dans les planches enluminées de son ouvrage, No. 495, que je suis très-porté à croire qu'il n'est qu'une simple variété de la même espèce. Ce corbeau étant généralement répandu dans toutes les différentes parties de l'Europe, il ne seroit point étonnant qu'il se retrouvât au Cap de Bonne-Espérance. J'observerai cependant qu'en Afrique cet oiseau est un peu plus grand, qu'il a le bec plus fort et plus recourbé; mais comme d'ailleurs tous les autres caractères se rapportent à ceux de notre corbeau, que ses mœurs sont aussi absolument conformes ; et que, d'un autre côté, on a observé que dans plusieurs pays ces oiseaux étoient plus grands ou plus petits, et que leur bec étoit aussi plus ou moins renflé, nous laisserons ce Grand-corbeau du Cap à côté du nôtre, comme une simple variété de l'espèce européenne.

C'est dans les montagnes des environs de la baie de *Saldanha* où *j'ai vu le plus* communément ces corbeaux. Ils vivent en petites troupes isolées, sans se mêler avec les autres espèces du même genre. Ils recherchent les voieries, se nourrissent de toutes sortes de charogne, de vers de terre, de limaçons, de tortues terrestres, et même d'insectes. En troupes, ils attaquent quelquefois les jeunes gazelles, et viennent à bout de les tuer. On assure qu'en Europe cet oiseau se nourrit de fruits et même de grains. Je n'ai pas remarqué que ceci ait lieu en Afrique, n'ayant jamais trouvé dans leur estomac que les différentes nourritures dont j'ai parlé, quoiqu'il me soit arrivé d'en tuer plusieurs dans les terres labourées d'un colon nègre dont l'habitation étoit placée dans les montagnes des environs de la baie de Saldanha, lequel récoltoit beaucoup de grains. Ce colon m'a assuré que ces oiseaux n'étoient pas de passage, et qu'il les voyoit toute l'année dans les mêmes cantons. J'ai également appris de lui que c'étoit dans les rochers qu'ils pondent et élèvent leurs petits; que les œufs, au nombre de quatre ou cinq, sont d'un verd sombre, tachetés de brun. Dans les cantons de la Colonie où se trouve cette espèce de corbeau, les colons les distinguent des autres espèces par le nom de *Groote-kraai* (Grand-corbeau). Ce nom est également celui que le peuple a donné au même oiseau dans les différentes provinces de la France où il est connu.

La couleur générale de cet oiseau est d'un noir décidé, luisant sur les ailes et la queue, sans cependant avoir aucun reflet ou en vert ou en pourpre, comme dans le freux. Les yeux sont d'un brun foncé ; les pieds, le bec et les ongles sont d'un beau noir. La queue est très-peu étagée, et les ailes ployées s'étendent à peu près jusqu'aux trois quarts de sa longueur. La femelle est un peu plus petite que le mâle ; elle est aussi d'un noir plus rembruni.

Je n'ai jamais vu au Cap notre petite espèce de corbeau, ou celle que Buffon nomme la *corbine* ou *corneille noire* ; notre corneille mantelée, nommée vulgairement corbeau gris, ne s'y trouve pas non plus.

LA CORNEILLE DU CAP, N°. 52.

Il se trouve très-communément au Cap de Bonne-Espérance une espèce de corneille à laquelle les colons ont donné le nom de *kooren̄land-kraai* (corbeau ou corneille des terres labourées). Cet oiseau est absolument semblable en tout point à notre freux ou frayonne, à l'exception du devant de la tête, qu'il n'a point, comme elle, nu et dégarni de plumes depuis les yeux jusqu'aux narines. S'il est vrai, comme le prétend Montbillard, en parlant de la frayonne, que ces oiseaux ne doivent la nudité d'une partie de leur tête qu'à la manière dont ils vivent, la corneille dont il est question dans cet article est de la même espèce; car elle a la même taille, les mêmes couleurs et la même manière de vivre ; mais elle n'a point le caractère de la nudité de la tête ; probablement parce que trouvant dans cette partie du monde une nourriture plus abondante, elle n'est point forcée de fourer son bec en terre pour y puiser, pour ainsi dire, sa subsistance. Je suis moi-même très-porté à croire que c'est le frottement seul qui cause cette calosité de la tête de la frayonne ; car il m'est arrivé de tuer en Europe, dans les mois de septembre et octobre, des corneilles tout à fait semblables aux frayonnes ; mais elles avoient le devant de la tête entièrement emplumé ; c'étoient probablement de jeunes frayonnes de l'année. J'ai vu aussi, dans les premiers jours de l'hiver, passer en Lorraine des volées très-considérables de ces mêmes corneilles qui avoient la face couverte de plumes ; j'en ai tué plusieurs, et elles m'ont parues absolument n'être point d'une autre espèce que le freux. D'ailleurs, il seroit très-facile de vérifier si cet oiseau perd naturellement les plumes de sa tête, ou si cette nudité n'est produite que par le frottement continuel qui tient à sa manière de vivre; il suffiroit pour cela de garder une jeune frayonne en cage pendant une année entière; et si alors on remarquoit le même effet, il seroit certain que c'est-là un caractère constant dans l'espèce, comme ce l'est dans beaucoup d'autres sortes d'oiseaux; et dans ce cas, la Corneille du Cap, dont il est question, seroit, malgré sa ressemblance avec notre freux d'Europe, une autre espèce; et ces corneilles dont j'ai parlé et que j'ai vues et tuées en Lorraine, n'en seroient peut-être pas moins de jeunes frayonnes; car, ainsi que je l'ai observé à l'égard des vautours dont la tête est nue, elles pourroient bien de même avoir cette partie emplumée dans leur jeune âge; sinon elles seroient d'une espèce pareille à celle d'Afrique, dont aucun naturaliste n'auroit fait mention; ce qui n'est pas probable. Je me propose de vérifier ce fait quand l'occasion s'en présentera.

Cette Corneille du Cap est plus commune dans la Colonie que dans les déserts ; elle s'est rapprochée des lieux habités, parce qu'elle trouve une nourriture plus abondante dans les terres cultivées, où on la voit fondre en grandes troupes, particulièrement quand elles viennent d'être fraîchement remuées. Elles sont peu farouches, et suivent le laboureur à mesure que le soc de la charrue sillonne la terre, pour y chercher les larves, les vers et tous les insectes que le fer met à découvert. Elles se nourrissent aussi de charogne ; ce que fait également le freux en Europe, n'en déplaise à ceux qui prétendent que ces oiseaux n'y touchent jamais.

Le plumage de cet oiseau est généralement d'un noir lustré, richement nuancé de pourpre ou de bleu, suivant que les coups de lumière le frappent plus ou moins obliquement. La queue est un peu étagée ; les ailes en repos n'atteignent pas tout à fait son extrémité. Le bec est noir, ainsi que les pieds et les ongles ; les yeux sont d'un brun foncé. Le mâle est un peu-plus grand que la femelle ; celle-ci n'a pas son plumage aussi brillant. Ils construisent leur nid sur les arbres ou dans les rochers.

LA CORNEILLE A SCAPULAIRE BLANC, N°. 53.

Cette Corneille d'Afrique est très-abondante et fort répandue au Cap de Bonne-Espérance, depuis la ville jusque dans les cantons les plus reculés où j'ai pu pénétrer dans cette partie du monde. La même espèce habite probablement une grande étendue de l'Afrique, puisqu'on la retrouve au Sénégal ; du moins le même oiseau est décrit dans Buffon sous le nom de corneille du Sénégal, ce qui suppose qu'elle s'y rencontre en effet ; mais comme cette espèce ne se trouve pas seulement au Sénégal, puisqu'elle est très-commune au Cap de Bonne-Espérance, j'ai cru pouvoir lui donner un nom propre qui ne fasse pas croire qu'elle n'appartient qu'au climat du Sénégal.

Cette Corneille est plus abondante et plus multipliée que toutes les autres espèces de ce genre qu'on trouve répandues depuis la baie Falso jusque chez les Grands Namaquois d'un côté, et chez les Caffres de l'autre. On ne voit pas une habitation, pas une horde sauvage, ou ces oiseaux ne soient domiciliés et comme domestiques; ils viennent même jusqu'aux portes des boucheries de la ville, et se mêlent fréquemment avec l'espèce dont j'ai parlé sous le nom de corbivau, pour dévorer les cadavres. Les colons nomment cet oiseau *Bonte kraai* (corbeau tacheté ou mélangé); parce qu'en effet son plumage est regulièrement marqué de noir et de blanc, qui sont ses deux seules couleurs. Le blanc forme une espèce de scapulaire, qui par devant s'étend jusqu'au bas du sternum, et n'embrasse que le cou par derrière; tandis que la tête est entièrement noire, ainsi que la gorge, ou le noir s'avance sur le devant du cou. Tout le reste du plumage est absolument noir. Les scapulaires et les recouvremens des aîles ont un reflet bleuâtre. La queue est arrondie ; les aîles s'étendent jusqu'à passé les trois-quarts de sa longueur (1). Les yeux sont d'un brun-noisette ; le bec, les pieds et les ongles sont noirs. La femelle est plus petite que le mâle ; son noir est moins lustré, son blanc est plus sali et ne s'étend pas tout à fait si loin par en bas. Ces oiseaux construisent leur nid dans les arbres ou dans les buissons les plus

(1) La figure que Buffon a donnée de cet oiseau dans ses planches enluminées, N°. 327, est défectueuse en ce que les aîles y paroissent beaucoup plus courtes qu'elles ne doivent être, et dépassent à peine la naissance de la queue. Voilà ce qui arrive quand on s'en rapporte aux caractères pris sur les oiseaux préparés, et qu'on ne s'y connoît pas assez pour rectifier ces erreurs, qui ne sont que trop fréquentes dans les cabinets d'histoire naturelle, parce que la plus grande partie des personnes qui préparent et conservent les depouil-

LA CORNEILLE A SCAPULAIRE BLANC.

feuillus. La ponte est de cinq ou six œufs, dont la couleur est d'un verd pâle tacheté de brun.

Comme le corbivau, cette Corneille se perche sur le dos des grands animaux et du bétail, pour enlever et dévorer les insectes parasites qui s'attachent après leur peau. J'ai plus d'un fois, dans mes voyages, dû la conservation de mes attelages au service que ces bandes de corneilles rendoient à mes bœufs, en les débarrassant des poux de bois, dont ils étoient tellement couverts que, sans le secours de ces oiseaux, il me seroit

---

les des oiseaux, les estropient en leur coupant les aîles et les pattes, pour avoir plus de facilité à les remettre à leur place. Ces mauvaises préparations ont produit des méprises sans nombre dans tous les ouvrages publiés sur l'ornithologie ; puisqu'on y voit le même oiseau décrit, par rapport à ces faux caractères, quelquefois trois fois de suite comme trois espèces différentes : heureux encore quand ils sont rangés dans le même genre, ce qui n'arrive pas toujours.

arrivé dans plus d'une occasion de les perdre tous infailliblement. Aussi les Hottentots et les colons du Cap révèrent-ils ces corneilles bienfaisantes par rapport aux services qu'elles rendent à leurs troupeaux.

FIN DU PREMIER VOLUME.

TABLE
DES OISEAUX
CONTENUS DANS CE VOLUME.

PRÉFACE, page v

Oiseaux de proie.

Le griffard, 1
Le huppard, 14
Le blanchard, 20
Le vocifer, 29
Le blagre, 39
Le caffre, 48
Le bateleur, 53
L'oricou, 61
Le chasse-fiente, 74
Le chaugoun, 84
Le chincou, 89
Le roi des vautours, 101
L'ourigourap, 107

Le bacha, page 118
Le rounoir, 126
Le rougri, 132
La buse gantée, 136
Le tachard, 140
Le buserai, 144
Le buson, 146
Le parasite, 150
Le grenouillard, 162
Le tachiro, 170
Le mangeur de serpens, 175
L'autour huppé, 195
Le faucon chanteur, 200
Le faucon huppé, 207
Le faucon à culotte noire, 213
Le chicquera, 217
L'acoli, 220
Le tchoug, 225
Le gabar, 231
Le minulle, 237
Le montagnard, 244
Le blac, 250

Oiseaux de proie nocturnes.

Le choucou, 258

Le choucouhou, page 269
Le grand-duc, 274
La chouette, 279
Le huhul, 286
La chouette à collier, 290
La chouette à aigrette blanche, 292
La chouette à masque noir, 295
La chouette blanche, 299
La chevechette, 302

Engoulevens.

L'engoulevent à queue fourchue, 304
L'engoulevent à collier, 318

Corbeaux.

Le corbivau, 330
Le grand-corbeau, 337
La corneille du Cap, 341
La corneille à scapulaire blanc, 346

FIN DE LA TABLE DU PREMIER VOLUME.

ERRATA.

Page	ligne	
Page 17	*ligne* 10	(préface) demandent, *lisez* demande.
36	16	(texte) qu'il, *lisez* qu'elle.
73	*pénult.*	établi, *lisez* établis.
121	15	déja moitié, *lisez* déja à moitié.
123	7	auquel, *lisez* duquel.
161	*antipénult.*	se retrouvât, *lisez* se retrouvassent.
185	16	frotté, *lisez* frottés.
203	21	déclain, *lisez* déclin.
204	1	s'avance, *ajoutez* sur lui.
205	11	sauvaigne, *lisez* sauvagine.
207	*antipénult.*	garni, *lisez* garnie.
ibid.	*dernière*	tronqué, *lisez* tronquée.
208	2	donné, *lisez* donnée.
ibid.	8	donné, *lisez* donnée.
216	11	lesquels, *lisez* lesquelles.
226	13	une espace, *lisez* un espace.

Page 237 *ligne* 10 modèle, *lisez* module.
263 12 voyons, *lisez* voyions.
287 8 est plus en avant, *lisez* saillit plus en avant.

www.ingramcontent.com/pod-product-compliance
Ingram Content Group UK Ltd.
Pitfield, Milton Keynes, MK11 3LW, UK
UKHW012147240726
13966UKWH00001B/191